萌爷爷讲生命故事

我们是谁

董仁威　韦富章/编著

希望出版社

图书在版编目（CIP）数据

我们是谁 / 董仁威，韦富章编著 . — 太原：希望
出版社，2024.3
（萌爷爷讲生命故事）
ISBN 978-7-5379-8926-8

Ⅰ . ①我…Ⅱ . ①董…②韦…Ⅲ . ①生命科学—少
儿读物Ⅳ . ① Q1-0

中国国家版本馆 CIP 数据核字（2023）第 201072 号

萌爷爷讲生命故事

我们是谁 　董仁威　韦富章 / 编著

WOMEN SHI SHEI

出 版 人：王　琦
项目策划：张　蕴
责任编辑：张　蕴
复　　审：柴晓敏
终　　审：王　琦
美术编辑：王　蕾
印刷监制：刘一新　李世信

出版发行：希望出版社
地　　址：山西省太原市建设南路21号
邮　　编：030012
经　　销：全国新华书店
印　　刷：山西基因包装印刷科技股份有限公司
开　　本：720mm×1010mm　　1/16
印　　张：10
版　　次：2024年3月第1版
印　　次：2024年3月第1次印刷
印　　数：1-5000册
书　　号：ISBN 978-7-5379-8926-8
定　　价：45.00元

序

"萌爷爷"是谁？他是由科普作家组成的"萌爷爷"家族的"代言人"。

萌爷爷家族的叔叔、阿姨、哥哥和姐姐，他们是交叉型人才，是真正的"博士"。他们各取所长，有的将深奥的科学知识科普化，有的针对小朋友们的喜好将科普知识儿童化，还有的将科普作品文艺化，共同打造了一桌桌可口的知识盛宴。

如今，经过萌爷爷家族精心打造的第一桌宴席——"萌爷爷讲生命故事"问世了。

这桌宴席有六道大菜：《我们是谁》《我们从哪里来》《我们到哪里去》《动物这种精灵》《植物这道美景》《微生物这个幽灵》。

这是鲜活的地球上各种生命的故事套餐。人、动物、植物和微生物，是大自然创造的四大类生命奇迹。

《我们是谁》《我们从哪里来》《我们到哪里去》是讲人的故事的。这些故事运用前沿科学的最新研究成果，回答了人从一出生就关注的问题：我是谁？我从哪里来？我到哪里去？

这些问题太简单啦！你一定会这样说，从妈妈肚子里生出来，最后到火葬场，回归自然。是不是？但是，这个看似简单的问题，却被称为世界三大难题之一。现代人类从诞生到有了自我意识以后，就不断地问自己这样的问题，但直到如今也没有确切的答案。好在现代生命科学进展迅猛，它的终极秘密也一个个被科学家揭开，萌爷爷终于可以基于科学家的这些研究成果，试图回答这三个终极问题了。

《动物这种精灵》《植物这道美景》，是对生命的礼赞。

呆萌的大熊猫，古怪的食蚁兽，产蛋的哺乳动物鸭嘴兽，舍命保护幼崽的金丝猴，放个臭屁熏跑美洲狮的臭鼬，比一个篮球场还大的蓝鲸，先当妈妈后当爸爸的黄鳝，几十个有趣的动物故事保准会迷得你神魂颠倒。

美丽的花仙子，吃动物的植物，会玩隐身术的植物，能"胎生"的植物，能灭火的树，能探矿的植物，能运动的植物，"植物卫士"大战切叶蚁……几十个生动的植物故事保准会让你爱不释手。

《微生物这个幽灵》，让人类对这些隐形生命爱恨交织。它们制造了杀人无数的天花、鼠疫、流感等等瘟疫，是人类的天敌。但是，它们又为人们酿造美酒，制作豆瓣酱、豆豉、豆腐乳等美味，还能制造对付隐形杀手的抗生素。

哈哈，有趣的故事多着呢。

看了这些生动的生命故事，你不仅能增长知识，获得美的享受和阅读的快乐，还会情不自禁地产生要保护野生动物和植物，让人类与环境和谐相处的强烈愿望。

多好看的书！

哈，你已经迫不及待了吧？

萌爷爷不再啰唆，请你赶快翻开书，细细地品味这一饕餮盛宴吧。

开卷有益！

萌爷爷

前 言

很多小朋友在日常生活中，都有过这样的疑问：我是谁？我为什么会说话走路？我和小猫小狗有什么不一样？我为什么不能像鸟儿那样在天上飞？我为什么不能像植物那样开花结果？……

太多太多的为什么，充满他们的内心。

其实，早在两千三百多年前，古希腊的一位伟大哲学家柏拉图，就曾发出过这样的疑问：

我是谁？我从哪里来？我要到哪里去？

这被称为人类哲学史上的"终极三问"。

看看，你一不小心就问出了人类哲学史上的终极之问。

"我们是谁"，这是千百年来困扰人类的一大问题。人类自从有了意识之后，就一直在问自己：我们是谁？我们与地球上的其他生物有什么区别？我们是地球上唯一的智慧生物吗？我们是地球的主宰、万物之灵吗？

然而，很多人穷尽一生，也不一定能找到答案。

读过格林童话《白雪公主》的小朋友一定知道，白雪公主的继母是一个精通法术的女巫。她虽然很美丽，但是性格也很骄傲、暴躁，尤其最嫉恨别人比她漂亮。这个爱慕虚荣、贪恋美貌的王后有一面神奇的魔镜，可以告诉你任何你想知道的答案。

每天早上，王后都会问魔镜："魔镜啊魔镜，请告诉我，谁是世界上最美丽的女人？"

当白雪公主还很小的时候，魔镜总是回答说："我的女王，这个世界上，你是最美丽的女人。"

王后每天都感到很满意。但是，后来白雪公主长大了，变得比王后还漂亮。当王后再问魔镜时，从来不会撒谎的魔镜便老老实实地告诉她："我的女王，你是这里最美丽的女人。但是，白雪公主比你还美丽一千倍。"

后面的故事你已经知道了，王后听了心生嫉恨，想方设法要杀害白雪公主。

巧的是，萌爷爷知道，生命女神也有一面这样的"魔镜"。生命女神是一位神奇的魔法师，就是她创造出我们千千万万个生命的。今天，萌爷爷就带你前往生命女神那里，一起问问神奇的魔镜：

魔镜啊魔镜，请告诉我们，我们是谁？

目录

一、你们是万物之灵

1. 人体美　　　　　　　　8
2. 眼睛：心灵之窗　　　　12
3. 手之歌　　　　　　　　16
4. 风度赞　　　　　　　　19
5. 形形色色的人类　　　　24
6. 万物之灵　　　　　　　31

二、你们是智慧生命

1. 你们是聪明人　　　　　36
2. 你们与众不同的地方　　44
3. 你们会"八卦"了　　　51

三、你们是创造者

1. 创造力从哪里来　　　　58
2. 竞争与合作　　　　　　64
3. 认知的革命　　　　　　70
4. 知识大爆炸　　　　　　78
5. 科学改变世界　　　　　87

四、你们是天使

1. 人性本善　　　　　　　100
2. 军人行善　　　　　　　103
3. 百姓行善　　　　　　　110

五、你们是魔鬼

1. 自私的基因　　　　　　118
2. 换个角度看人类　　　　124
3. 寂静的春天　　　　　　127

六、你们是文明人

1. 人格修养　　　　　　　132
2. 读万卷书　　　　　　　139
3. 社交礼仪　　　　　　　143
4. 学会做人　　　　　　　151

我们是谁

一、你们是万物之灵

1. 人体美

现在，我们就站在生命女神的魔镜面前了。你准备好要向它询问了吗？

好的。萌爷爷首先要提醒你的是，生命女神的魔镜不会一下子就说出结果，它会带着我们一步步去寻找答案。

好了，让我们开始提问吧：魔镜啊魔镜，请你告诉我们，我们是谁？

生命女神的魔镜是一面神奇的镜子、诚实的镜子，同时也是智慧的镜子。它清了清嗓子，微笑着给出第一个答案："你们是万物之灵。"

"万物之灵"，是什么意思呢？

这个萌爷爷知道。万物之灵，指的是在当今世界上所有的物种中最具有灵性的一种。

魔镜接着说："首先，来看看你们的外表吧。人类不仅心地善良、智慧超群，现代人类的形体在生物界中也是非常美的。"

的确，在魔镜里，我们看到的人体，非常美。

人类头脑发达，五官端正，眉清目秀。

人类皮肤光洁，毛发疏密有致，语音抑扬顿挫，表情丰富多彩。

人类躯干精巧，曲线优美，四肢灵活有力。

人体，确实是美不胜收的大自然杰作！

你看我们的身体，平衡、对称，比例协调，曲线柔和，再配上富有弹性的肌肉、光洁的皮肤，实在令人陶醉。

你看我们的双手、双腿，走起路来，那个潇洒劲，让动物们看了也会羡慕呀！

你再看看我们漂亮的面孔，双目、双眉、双耳、鼻、口均衡地分布在光洁的脸上；浓密的头发呵护着大脑；明亮的眼睛顾盼生辉；表情肌牵动着五官，表达着我们的喜怒哀乐。

天哪，你可知道，你有多么美吗？

魔镜说："这还不算。你们知道吗？人类体现的美，完全符合自然美中的黄金分割率。"

什么是"黄金分割率"呢？

黄金分割率是一个著名的法则。相传在古希腊时期，有一位数学家、哲学家叫毕达哥拉斯，有一天他走在街上，经过铁匠铺前，他听到铁匠打铁的声音非常好听，不禁驻足倾听。他发现铁匠打铁的节奏很有规律，这个声音节奏的比例，被他用数学的方式表达了出来——0.618 比 1。

这个比例，被公认是最能引起美感的比例，因此被称为"黄金分割率"。

意大利著名画家达·芬奇也发现，美的人体与一定的比例

有关。达·芬奇认为，美的人体，应符合下列比例关系：人的头部是身高的 1/8，肩宽是身高的 1/4，平伸两臂的宽度等于身长，两腋间的宽度和臀宽相等，乳部与肩胛骨处于同一水平面，大腿正面的宽度等于脸宽，跪姿的高度为立姿的 3/4，等等。

后来，人们又发现，人体的很多比例都符合黄金分割率。

比如，一般而言，人体的头顶到肚脐与肚脐到脚底的比是 0.618 比 1。

又比如，躯干的宽度与长度的比是 0.618 比 1，手臂长度与大小腿的长度的比是 0.618 比 1，手掌的宽度和长度的比是 0.618 比 1。

再比如，鼻高与鼻宽之比是 0.618 比 1，唇高与唇宽之比是 0.618 比 1，男性头发习惯的偏分头线两侧的比是 0.618 比 1，等等。

现在，你应该知道了，为什么我们在照镜子时，会觉得自己越看越顺眼了吧？

对了，因为我们人体的很多地方都符合"黄金分割率"！

2. 眼睛：心灵之窗

魔镜还会告诉我们，人体当中最美的地方是什么。

是什么呢？

眼睛。

眼睛是人体当中最重要、最精巧，也是最完善的感觉器官。眼睛主视觉功能，是大脑的延伸部分。通常情况下，人类从外界获得的信息，大约有 90% 来自眼睛。

眼睛不仅是人重要的视觉器官，还是容貌美的重点器官和主要标志。我们看一个人，首先是从眼睛开始的。一双清澈明亮、妩媚动人的眼睛，不但能增添容貌的美丽，让容貌看上去更具有魅力和风采，还能掩饰面部其他器官的不足。

一个人的眼睛，特别是眼神的微妙变化，常是表达各种感情和体现人的内在美和外表美的窗口，所以眼睛又有"心灵之窗"的美称。我们说一个人的眼睛比嘴巴会说话，就是说这个人善于用眼睛传达语言都难以表达的心意与情感。

人们常说："画龙点睛。"意思是说，龙一旦被画上眼睛，立即就活了。言下之意，眼睛是最不好画的，但也是最传神、最美的器官。龙是这样，人也是这样。

人们有许多形容眼睛美的词语，比如"水汪汪""眼含秋波""炯炯有神"等等，并用杏眼、月牙眼、凤眼、浓眉大眼等，来形容美丽的眼睛。

诗人形容女性的美，也往往从描写眼睛入手。比如说，《诗经》中描写女人的美："巧笑倩兮，美目盼兮。"意思是说，眼珠一转，令人心生荡漾。唐代大诗人白居易则用"回眸一笑

百媚生，六宫粉黛无颜色"来形容杨贵妃的美貌。意思是说，杨贵妃回眸一笑的表情，让宫里的其他女人都黯然失色。

漂亮眼睛的具体标准大体可分为以下八个方面：一是双眼首先要对称，双眼之间的距离等于一只眼的长度为佳；二是上睑缘与眉毛之间的距离是一眼的高度为佳；三是眼睛

高度的理想值是在 10 ～ 12 毫米以上，长度一般在 27 ～ 30 毫米为佳；四是眉眼的眼裂长度为 30 ～ 34 毫米，上睑至高点为中、内 1/3 交界处，下睑至低点为中、外 1/3 交界处；五是眉毛下缘至上睑缘距离在 15 ～ 20 毫米左右为佳；六是角膜露出率 75% ～ 80%，角膜直径为 12 ～ 13.6 毫米；七是眼珠的露出率要在 95% 左右，这样的眼睛看起来才有神韵；八是静眼时，内眦高于外眦，整个上睑软组织较薄而显清秀，睑缘颞部清晰

可见，上睑睫毛略长而稍向上均匀散开，下睑睫毛略短向下均匀散开。

从美学角度来看，眼裂 27 ～ 30 毫米，内眦间距为 32 ～ 36 毫米，外眦间距为 85 ～ 91 毫米，内外眦连线与水平线夹角为 10°，外眦角为 60° ～ 70°，内眦角为

48°～55°。专家们认为，这样的眼部形态，能给人一种完整的美感，匀称、得体、有神。

而且，人们多以双眼皮为美。可是，并不是所有的人都长有双眼皮，比如，在东方民族中，单眼皮者约占 60% 左右。

但话又说回来，眼睛美不美，主要不在形状，而在眼神。眼睛是心灵的窗户，一个目露凶光的人，眼睛长得再好看，你会觉得美吗？

相反，假如一个人的眼睛形态不是很美，但是如果眼神中充满关怀，充满善意，充满笑意，你仍然会觉得这个人很亲切、很温暖，觉得他的眼睛很美很美。

3. 手之歌

　　说完眼睛，我们再来说手。伸出你的双手，仔细看看。你看到了什么？

　　你会说，没什么特别呀，不就是普通的一双手吗？

　　错了！萌爷爷告诉你，手是人类直立行走后拥有的最突出的器官之一，非常了不起。

　　的确是这样。有着灵活的双手，能够使用工具，是人类与其他动物的最大区别。

　　人类的祖先，从爬行的古猿到学会直立行走，解放了双手，才成为真正的人类。大约在 1400 万年至 700 万年前，生活在非

洲热带雨林里的"腊玛古猿"（被看作是"前人类"，后进化为人类祖先——南方古猿），因为气候和环境的变化改变了它们的食物来源，迫使它们从树上来到地面。在地面上，它们爬着就能寻找食物，但有时需要站起来摘树上的果实，也经常需要站着渡过浅水区，从而慢慢地完成了直立的进化。直立行走后，解放了古猿的前肢，这样它们就可以更好地利用双手抓握树枝或别的自然物进行防御和取食，实现了从猿到人的转变。

因此，怎样来称赞我们的双手都不为过。

有作家曾这样赞誉人的手："看呀！看看双手怎样允诺，怎样

变戏法，怎样申诉，怎样胁迫，怎样恳求、拒绝、召唤、质问、欣赏、供认、奉承、训示、命令、嘲弄，以及做出其他各种各样变化无穷的意思的表示，使灵活巧妙的舌头亦相形见绌。"

关于手的"表情"，我们还可欣赏演说家那漂亮的手势，那些恰如其分的手势可以加重他说话的分量。在音乐指挥家优美的手势下，一曲气势恢宏的交响乐在大厅中回响……

然而，更重要的则是手的创造力。

手，可以制造和使用各种工具；手，可以敲击琴键，演奏出美妙的声音；手，可以创建高楼大厦，改造我们的环境，让世界变得更加美好……

正是由于手的这些创造活动，人类才有了现在这一切文明的产物。

4. 风度赞

有美的形体，有美的眼睛，有能创造万物的双手，这就是我们人类了吗？

魔镜回答说："不，你们人类与其他生命不同的地方，还在于你们有涵养、有风度。"

风度？风度是什么？

让萌爷爷来告诉你吧！风度，是指一个人的气质修养和胸怀，是人的性情、品格、才质的自然流露，也是对一个人的健康体魄、装束打扮、表情神态、举止谈吐的综合审美评价。

比如，我们常用"气质优雅""风度翩翩"来形容一个有教养的人。萌爷爷要提醒的是，风度不只是外表形象的问题，更主要的是人的综合素质修养。

我国古代有这样一个故事：魏王曹操在接见匈奴使者时，因嫌自己身材矮小，不够威武，就让手下假扮"魏王"，自己则持刀站在一旁。事后，曹操派人打听匈奴使者对魏王的印象，不料对方回答说："魏王很有雅量，不过魏王背后那个持刀之人，才是真正的英雄！"可见，一个人的气质风度是自然流露，掩盖不住的，即便曹操假扮随从，也丝毫不能遮掩他那光彩照

人的英雄风度。

　　一个有风度的人，在遇到事情的时候理智、稳重，在待人接物时大度、大量。法国作家雨果曾感叹："世界上最宽广的是海洋，比海洋更宽广的是天空，比天空更宽广的是人的胸怀。"这反映出人的风度之美的重要性。

　　我国唐朝开元盛世的名相张九龄，不仅才学超群，而且举

止优雅、淡泊谦让，被人们称赞是一个很有风度的人。他的"海上生明月，天涯共此时"的诗句，意境高远，也足见他非凡的文采与气度。

担任丞相期间，张九龄秉公守则、刚直不阿、敢言直谏、选贤任能，不徇私枉法，不趋炎附势，敢与恶势力做斗争，为"开元之治"做出了巨大贡献。张九龄去世后，每次有大臣推荐丞相人选时，唐玄宗都要问一句："风度比得上张九龄吗？"可见，这位名相的风度给唐玄宗留下了深刻的印象。张九龄的风度，不仅在于他的才气和仪表，更在于他的正直品格和忠义节操，因而散发着迷人的气质。

风度是一种心态、一种智慧、一种涵养。不断追求心灵高尚、行为美好的人，自然会风度翩翩。

世人公认，我们敬爱的周恩来总理是一个极有风度的人。在新中国的外交史上，周恩来总理向世人展示了高雅的风度和翩翩的仪态，广受称赞。

这里讲一件小事。1964 年周恩来总理与苏联的谈判一度僵化。当时中苏关系非常紧张，但离开的时候，周恩来总理还是向每位宾馆服务员道别，并送了些小礼物，男的送钢笔、领带，女的送披肩、桌布，还特意到厨房去对炊事员表示感谢。这一件小事，足以见证周恩来总理翩翩君子、持节守礼的风度。

周恩来总理的风度从何而来？

我们只要到周恩来的母校南开中学去看一看，就可以知道他风度的由来。步入南开中学的教学楼，立刻会发现一面大穿衣镜，镜子上端的横匾上镌刻着 40 字箴言："面必净，发必理，衣必整，纽必结；头容正，肩容平，胸容宽，背容直；气象：勿傲，勿暴，勿怠；颜色：宜和，宜静，宜庄。"这面穿衣镜和这段箴言，为的是让学生一进教学楼，就有一个整洁的仪容和朝气蓬勃的精神状态，它们也的确起到了这样的作用。

美国著名思想家爱默生说："风度是文明的开端，它使我们能够相互容忍，和谐地生活在一起。它具有一种无形却巨大的力量，可以初步地塑造人，祛除人类情感和精神上的污垢，为我们清洁身体，裹上衣装，让我们直立起来。换句话说，风度可以使我们人类剥除动物的外皮和习性，逼迫我们保持仪表和精神的干净。它可以吓退我们的恶意与卑劣，教导我们离开卑鄙的情感，而趋向宽厚的感情。"

现在，我们已经知道了，风度是我们追求的人生境界。无论在什么时候，都要保持自己的风度。

美·艾默生

那么，风度有标准吗？我们应该形成什么样的风度呢？

那就是：待人要温文儒雅、彬彬有礼；既要谦恭诚信、不卑不亢，也要坦坦荡荡、落落大方；遇事的时候，要沉着冷静、处事不惊；犯错了，则要敢于担当、知过即改；平常的日子里，要做到扎实勤勉、自强不息。

▼故事广播站
▼科普小课堂
▼趣味测一测
▼百科小常识
微信扫码

5. 形形色色的人类

生命女神的魔镜让我们看清楚了自己，我们不但有美丽的形体，还有整洁的仪容，翩翩的风度。

可是，魔镜为什么不说说我们的肤色呢？

我们知道，人类有多种肤色，主要有黄种人、白种人、黑种人。

是的，尤其是我们在观看国际奥林匹克运动会的时候，我们会看到不同的人种聚集在一起进行角逐。而且很有意思的是，不同人种在不同的运动项目里，有着自己的优势。比如，我们中国人多是黄色人种，我们获奖的项目多集中在以技巧取胜的乒乓球、体操、羽毛球、跳水等项目上，在这些项目中，除白种人能与黄种人一争高低以外，鲜见黑种人的身影；而在田径赛场上，则刮起了一阵阵"黑旋风"，白种人与黄种人都难以匹敌；游泳馆里，则是一片白色，黑种人几乎绝迹，只有黄种的中国人在少数项目上与之竞争，偶尔得几块金、银、铜牌。

人种之间在运动场上的差异，是不是意味着不同肤色的人种在其他方面也有区别呢？世界上有多少人种？人种是否

有优劣之分？

哈哈，这个问题问得好。让萌爷爷来告诉你有关人种的问题。

人类学家在 18 世纪就开始研究人种的分类。1775 年，德国的布鲁门巴哈根据肤色、发型、身高等体质特征，把人类划分为 5 个人种：

高加索人种，俗称白种人；

蒙古利亚人种，俗称黄种人；

尼格罗人种，俗称黑种人；

亚美利亚人种，俗称红种人；

马来亚人种，俗称棕种人。

这个划分，可以说是第一次用科学方法，将人种进行了地理分类。

到了 1961 年，美国的加恩又把全世界人类划分为 9 大地理、32 个地域性人种。

后来，世界人类的分法，五花八门，众说纷纭，莫衷一是。

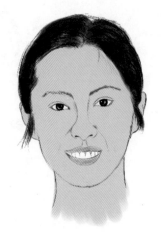

那么，现在最流行的分类法之一，是把全世界的人种分成四大类：

第一大类是黄色人种。黄色人种，俗称黄种人，又称为蒙古人种，或者亚美人种，主要分布在亚洲的大部分地区和美洲。其主要体质特征是肤色黄，头发粗而直，色黑，眼色黑或深褐，面部宽阔，颧骨平扁而突出，鼻梁低，眼外角稍上斜，即所谓"丹凤眼"，胡须及体毛最为稀少。

第二大类是白色人种。白色人种，俗称白种人，又称为高

加索人种，或者欧亚人种，主要分布于欧洲、西亚、北亚、北非等地。白色人种的主要体质特征是肤色、发色和眼色都较浅，头发常呈波形，鼻梁高而窄，胡须及体毛发达。

第三大类是黑色人种。黑色人种，俗称黑种人，

又称为尼格罗人种、非洲人种，主要分布于非洲的大部分地区。他们的主要体质特征是肤色黝黑，头发黑而卷曲，眼色黑，鼻宽而扁，唇特厚而外翻，胡须及体毛较少。

第四大类是棕色人种。棕色人种，俗称棕种人，又称为澳大利亚人种，主要分布于大洋洲、新西兰及南太平洋岛屿。他们的主要体质特征是肤色呈棕色或巧克力色，头发棕黑而卷曲，鼻极宽而高度中等，口鼻部前突，胡须及体毛发达。

然而，这样的分类方法，也受到了不少科学家的质疑。有的科学家认为，棕色人种是黑色人种的变种；而另一些科学家则认为，棕色人种是白色人种的变种。因此，现在大多数人认为，人种分为白色人种、黄色人种和黑色人种较为妥帖。

但是，三种人也有细微的差别，各有优劣长短。

就以黑种人来说吧，由于种族基因的差异，他们在体能爆发力上是有一定优势的，这已经被科学家的研究所证明。比如，在 2008 年北京奥运会上，牙买加的黑人运动员就创造了奇迹。最先是牙买加 "飞人" 博尔特以令整个世界瞠目结舌的速度，风一般地将男子 100 米世界纪录甩在身后，9 秒 69，这是一个超越了科学家们断言的人体极限速度。随后，博尔特又在 200 米决赛以 19 秒 30 的成绩打破世界纪录。同时，牙买加的三名女黑人运动员也包揽了女子 100 米决赛前三名。

牙买加，这个人口仅有 280 万人左右的加勒比海小国，缘何涌现出众多的短跑名将？英国的科学家曾对牙买加运动员做过研究，发现他们中大约 70% 的人拥有一种能改进与瞬间速度有关的肌肉纤维，这些纤维可以使运动员跑得更快。研究报告指出："这是由基因决定的。很显然，那里还有很多人拥有这样的潜力。"

不过，这种黑人运动员的神话也不是绝对的。

我们中国的黄种人刘翔，就曾打破了在 110 米栏赛跑中黑人运动员的垄断地位，一举击败众多黑人名将，夺得 2004 年雅典奥运会 110 米栏决赛的金牌。

　　而在游泳项目上，则差不多成了白种人的天下。科学家的研究表明，白种人在水中

每立方厘米肌肉仅重 1.5 克，而黑种人则为 11.3 克，黑种人在水中的体重不仅远远超出白种人，而且还高于其他人种。由于这一缘故，黑种人在水中通常要比其他人种付出更大的力气来解决自身下沉的问题，自然就要大大影响游泳的速度，而相比之下，白种人则会显得轻松自如。

客观事实表明，不同种族的人是存在一些基因差异的，但那是"大同小异"。按生物学的分类，世界上只有一个人种，所有不同的"人种"只是"品种"级的差异。不同"人种"可以通婚，便是明证。

难怪魔镜不提我们的肤色、人种呢，都差不多嘛，确实不值一提。

魔镜真是聪明的魔镜。

微信扫码

故事广播站
科普小课堂
趣味测一测
百科小常识

6. 万物之灵

　　我国战国时期的思想家荀子曾说过："人有气、有生、有知，亦且有义，故最为天下贵也。"

　　荀子为什么这么说呢？

　　因为荀子认为，水和火虽然看起来像是活的，水是流动着的，火是燃烧着的，但它们只有气，没有生命。水就是水蒸气变来变去而已，火是木柴燃烧时向上的一股气，它们在不断地往复循环，很单纯。植物相比水火来说，更进一步了，植物有气，有生命，可是植物不能动。一株植物的气不足，所以植物通常是一丛一丛地生，它们结合起来，那股气才足够传出去，把它所需要的蝶、蜂引过来，传播花粉。而动物与植物相比，又进了一步。动物有气，有生命，还有感知，只不过它的感知叫作本能。人的位阶更高，人有气，人有生命，人有知识、智慧，最重要的是，人有仁有义。因此，孔子重视仁义，而老子

荀子

则重视道德，因为仁义、道德就是把人的位置提高的唯一条件。植物、动物不会有仁义道德，大鱼吃小鱼，小鱼吃虾米，它们不会为此觉得自己可恶，它们的本能促使它们这样做。它们没有价值判断，只有人类才有。

所以，荀子认为，人和禽兽是有区别的，人是天下最珍贵的一个物种。

这与生命女神的魔镜告诉我们的"你们人类是万物之灵"，是同一个意思。

可是，人类是如何成为万物之灵的呢？为什么只有人类能成为万物之灵？

人类成为万物之灵的第一步，是人类驯化了万物。

人与禽兽的一大区别，当然是人类拥有智慧。但人类的智慧是从哪里来的呢？

人类的智慧是在漫长的征服世界的过程中形成的。在这个过程中，尤其是人类对动植物的驯化，使得人类成为万物之灵，成了世界的主宰。

据考古证据显示，人类起源于非洲大陆，后来迁徙到欧亚大陆，人类文明开始在世界各地广泛传播。在人类文明崛

起的过程中，人类经过漫长的尝试，几乎对这个星球上所有动植物都进行了驯化。

在成千上万种野生动物中，有数百种可被驯化，最终人类成功驯化了几十种，如绵羊、山羊、牛、猪、狗、猫、鸡、马、骆驼、驴、驯鹿、水牛、牦牛、蚕等。

在几十万种野生植物中，有几千种可食用，最终人类驯化或者部分驯化了其中的几百种，比如小麦、豌豆、番茄、橄榄、

水稻、黍、芝麻、茄子、甘蔗、香蕉、燕麦、咖啡、高粱、玉米、豆、南瓜、土豆等。

被驯化的动植物为人类提供了大量的食物，植物为人类提供了生存所必需的能量，动物则为人类提供了脂肪和动物蛋白。同时，动植物纤维和动物皮革为人类提供了服装，部分植物和动物内脏为人类提供了器皿，大型哺乳动物为人类提供了交通运输工具。在人类文明的各个方面，动植物都做出了不朽的贡献。

驯化与被驯化就像一个生死的契约，驯服者人类与被驯化的生物之间缔结了契约，让人类成为掌管世间万物的主人。

值得注意的是，在动植物被驯化的过程中，还有一个重要的"第三者"也得到了发展，这就是病菌和病毒。原本只存在于动物身上的一系列疾病，在驯化过程中逐步传染给人，开始在人类中间广泛传播。例如，猫带来了猫抓病；狗带来了钩端螺旋体病；鼠带来鼠疫；牛带来了麻疹、天花和肺结核；兔带来了兔热病；猪带来了流行性感冒和百日咳；禽类带来了禽流感、恶性疟疾等。

人类驯化了万物，在劳动创造中获得了智慧，成为世界的主宰，成为万物之灵。

我们是谁

二、你们是智慧生命

1. 你们是聪明人

"魔镜魔镜告诉我，我们是谁？"

"你们是智慧生命。"

"你们是智慧生命"，这是魔镜给我们的第二个答案。

什么是智慧生命？

简单来说，智慧生命，就是有着聪明才智的生命。

人类之所以成为万物之灵，是因为人类具有内在的美。而智慧，是人"内在美"的最大亮点，也是人与动物的一个很大的区别。

因此，智慧生物便成了人类的代名词。

什么是智慧？

人的智慧分两种。一种是人的认识力，即人认识世界的能力，包括注意力、观察力、学习力、想象力、思维力等，其中的核心是思维力，特别是创造性思维力。这一类智力叫作智商，英文简称 IQ。

通常人们对智力水平高低进行下列分类：智商 140 以上者称为天才；智商 120 ～ 140 为智力优异；智商 110 ～ 120 为智

力较高；智商 90～110 为普通智力；智商 80～90 为迟钝，偶为低能；智商 70～80 介乎迟钝与低能之间；智商 70 以下为低能。

那么，人类的智商最高可达到多少呢？在大家的印象里，可能会认为著名的科学家爱因斯坦、霍金的智商最高，其实爱因斯坦、霍金，甚至曾经是世界首富的比尔·盖茨，他们的智商不过才 160 左右，还有一些人的智商比他们还高。比如：

新加坡混血男童艾南·塞利斯特·考雷，他的智商非常高。出生于 2003 年的艾南预计智商高达 263，他 6 岁时成为英国考试机构的世界上最年轻的 "O" 级化学考试通过者；8 岁时在新加坡理工学院（新加坡的一所高等学府）上化学课。他还能自己作曲，能背诵圆周率到小数点后 518 位。

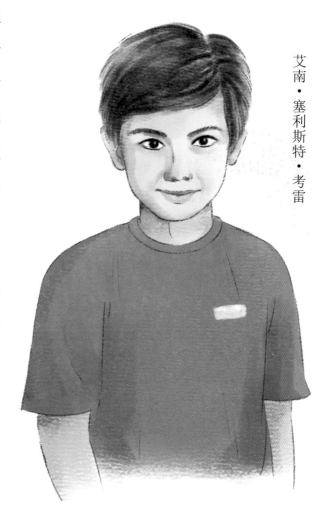

艾南·塞利斯特·考雷

威廉·詹姆斯·席德斯

美国人威廉·詹姆斯·席德斯，智商大约为250～300。出生于1898年的威廉，5岁时就会使用打字机，8岁时已经掌握六种语言，9岁时在哈佛大学开办讲座，一生共获得了四个学位。成年后，由于态度的转变，不再倾向于锋芒毕露，转而归于平淡，没有常人期待的成就。最终，他死于脑卒中，享年46岁，死时一贫如洗。

意大利文艺复兴时期的著名画家达·芬奇，智商也非常高。

达·芬奇

以《蒙娜丽莎》《最后的晚餐》等绘画作品闻名于世的达·芬奇，不仅在绘画方面取得了举世瞩目的成就，在医学、地质学、建筑学等方面也取得了巨大的成就。他虽然没有将毕生的成就在那个时代就公之于众，但是他的理论都被记录在手稿里，后世经过比对，发现他的研究有很多都是十分超前的。经过检测，达·芬奇智商在 230 左右。

澳大利亚华裔数学家陶哲轩，智商为 225 ～ 230。陶哲轩是"2008 年美国国家科学院外籍院士"和"2007 年英国皇家学会院士"的获奖者。他于 1975 年出生于一个华人家庭，从小就

陶哲轩

表现出非凡的数学才能。他 2 岁时，就会教 5 岁的孩子拼写和加法；21 岁时获得博士学位。此外，他还是 2006 年菲尔兹奖章的获得者，菲尔兹奖章可以被看作是数学领域的"诺贝尔奖"，

并被誉为"数学界莫扎特"。

美国的玛丽莲·沃斯·莎凡特，智商也很高。出生于1946年的玛丽莲，10岁时初次接受斯坦福－比奈智商测验，测得智商高达228。后来数十年间，她陆陆续续接受数次智力测试，最高达到243，是截至2008年为止吉尼斯世界纪录所认定拥有最高智商的人类

玛丽莲·沃斯·莎凡特

及女性。玛丽莲现在从事文学创作，也编写剧本，并长期开辟杂志专栏，专门回复读者各式各样的问题，从数学到人生都有。

美国的克里斯托弗·兰甘，智商为190～210，被誉为"美国最聪明的人"。他6个月大时开始说话，3岁时能够自主阅读。据说尽管他在考试时睡着了，但还是在SAT（美国高中毕业生学术能力水平考试）中顺利通过，后来他还拿到了里德学院（乔布斯的母校）的奖学金……

科学家的研究数据表明，普通人的智商通常在90～110之间，个体差异并不十分明显。另外，男性智商平均高于女性5%。

人类的另一种智慧，是情绪智力，即对情绪的知觉力、评估力、表达力、分析力、转换力、调节力等。这一类智力叫作情商，英文简称 EQ。

应该说，人的智慧便是人与动物的本质区别。依靠"智慧"，人们种植庄稼、养殖禽畜，因而不必像别的动物那样，为了寻找食物在原野和丛林中游荡；依靠"智慧"，人们盖起房屋，得以躲避雨雪风霜的侵袭；依靠"智慧"，人们建立起复杂的社会，发明创造出越来越高明的技术以满足人类的需求；依靠"智慧"，人

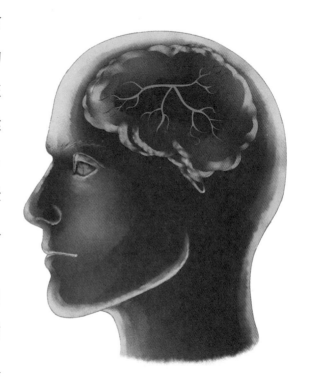

们可以掌握自己的命运，开拓无限美好的未来……

我们很聪明，我们大脑的脑容量特别大，大脑中储藏的遗传信息量可达到 200 亿比特（一种信息量度量的单位），这相当于 4000 册 500 页标准书所含的信息量，为其他动物所不及。

更为重要的是，人储藏在大脑中通过后天学习获得的非遗传信息量，可以达到 10 万亿～100 万亿比特，相当于 400 万～4000 万册 500 页标准书所含的信息量。人类借助庞大的非

遗传信息建立的知识库，创造了科学和文明，发明了"体外知识"——文字、书库、信息库，使人类可能获取的信息量越来越大，这是其他任何动物都望尘莫及的。

然而，科学研究发现，即便是像爱因斯坦这样的"聪明人"，大脑智商的开发程度也仅仅只达到了15%；而我们大多数人大脑的智商开发程度还不足10%。

也就是说，假如人类大脑的智商百分百完全开发了，那么我们就会像科幻电影《超体》中的女主人公那样，拥有超于常人的力量：包括心灵感应、瞬间吸收知识、在时间里穿梭等技能，成为一名无所不能的"超人"。

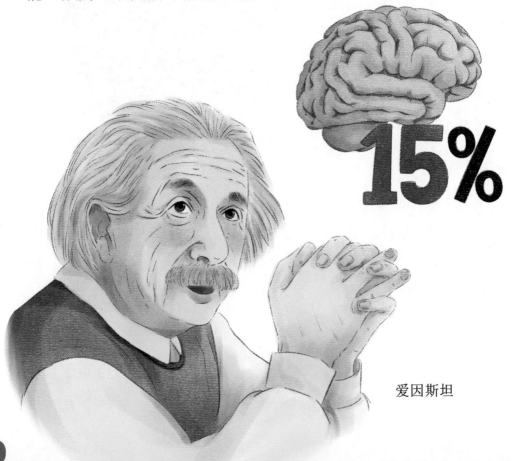

爱因斯坦

这是不是很酷？

这的确很酷，而且不敢想象，如果人类真的到了大脑智商百分百开发的那一天，可能世界就不是我们现在这个样子了。我们会超越物质，成为一种精神的存在，每个人用意念就能驾驭物质，多么不可思议呀！

也许真到了那一天，人类就可能获得了永生，能够穿越时间虫洞①，遨游于无边的宇宙了。

你是不是很期待呢？

---

①虫洞：宇宙中的隧道，它能扭曲空间，可以让原本相隔亿万千米的地方近在咫尺。

2. 你们与众不同的地方

好了，现在我们已经知道，人类是万物之灵，是世界上所有物种中最有灵性的生物，具有无与伦比的智慧。

那是不是说，人类是万物中唯一具有智慧的生物呢？

如果萌爷爷告诉你，在我们这个星球上，人类并不是唯一聪明的生物，一些动物也具有智慧，你会不会感到吃惊？

的确，长期以来，人类被当作唯一的智慧生物，把动物都看作是非智慧生物。一些明明是动物智慧表现的事例，都被生物学家用"本能""条件反射"之类的科学术语一言以蔽之，而凡是认为动物存在大脑活动、有思维和语言的言论，都被扣上了伪科学的帽子。

但是近几十年来，经过动物行为学家潜心研究，不断探索，证实至少在一部分动物中，存在着同人一样的大脑活动。

没错，一些动物也具有思维，也拥有语言。是不是很神奇？

比如在 1987 年，美国的动物行为学家艾琳·佩珀伯格研究了一只名叫"亚历克斯"的非洲鹦鹉，取得了动物具有思维能力的证据。这只非洲鹦鹉有着非凡的灵性，它不仅有一般鹦鹉"学舌"的本领，还能用脑子思考问题，做出一些显然用"条件反射"

不能解释的行为。

有一次，亚历克斯生病了，艾琳·佩珀伯格把它送去医院治疗。第二天，当佩珀伯格来接亚历克斯出院时，它竟说出了谁也没教过它的话。

亚历克斯对佩珀伯格说："快过来，我爱您，让我们一起回家吧！"

还有一次，一些参观者来到亚历克斯所在的动物实验室参观时，它看见有个参观者端起一个装有热茶的杯子，就会像人一样关切地对参观者说："烫！"以提醒参观者小心。

这只聪明的非洲鹦鹉似乎还懂得数量的概念，它能从 1 数到 6，而且很少出错。有趣的是，当它发现自己回答问题有错误时，还会很难为情地说："对不起！"

艾琳·佩珀伯格

专家研究发现，非洲鹦鹉的智商可能相当于人类 6 岁孩子的智商。

在海洋里，有很多动物的智商也都是很高的。比如说虎鲸、海豚，它们的智商就特别高。海豚比较喜欢跟人类亲近，而且还特别容易被驯服。在很多海洋馆、马戏团里，海豚的精彩

表演常常博得人们的喝彩。曾有人在海上航行时不幸掉到水里，还被海豚救过呢。

此外，狗的智商也很高，其中边境牧羊犬是所有狗狗中智商最高的，它们具有强烈的牧羊本能，天性聪颖，善于察言观色，能准确明白主人的指示。据估计，边境牧羊犬的智商，相当于人类六七岁孩童的智商，比非洲鹦鹉还聪明呢。

当然了，智商最高的动物，肯定还是跟人类长得特别像的

动物了，比如大猩猩、黑猩猩。有些黑猩猩，不仅能够分辨很多种颜色和叫声，还能使用工具。一些特别聪明的黑猩猩在经过训练之后，还能算出比较难的算术题。除了它们之外，几乎没有动物能够做到这一步。

既然一些动物也具有智慧，那么，是什么使人类与众不同呢？

你可能会说：语言。

因为人类会说话，其他动物不会。

这也不完全对。我们知道，很多鸟儿都会说话，鸟类鸣叫

也是一种"语言"，而且十分丰富。最饶舌的要数八哥、乌鸦和寒鸦了，它们各有300来个"词汇"。这些词汇中，有的是报警，有的是警告、觅食、集会、求偶和邀请等等。

法国科学家曾把乌鸦的各种"语言"用录音机录下来，到田野里播放。有一次，当科学家播放乌鸦受惊后的恐惧叫声时，正在田野里啄食的乌鸦顿时都飞跑了，好几天都不敢回来。又有一次，科学家在树林边播放一只被倒提着的乌鸦挣扎时的凄厉叫声，那些栖息在树林里的乌鸦立刻惊恐地大叫着飞走了，一只都没留下，过了很长时间才敢飞回来。还有一次，科学家播放乌鸦集合的叫声，在田野中的乌鸦听到了，马上飞过来集合，直到发现受骗后才又飞散了。

可见，语言也不是人类独有的，鸟类也有自己的"语言"。

那人类的语言，是否有什么特殊的地方呢？

浙江大学生命科学研究院王立铭教授认为，人类语言的独

特之处，在于语言中有语法，而其他动物是不能应用语法的。

不过，有的科学家做的实验表明，黑猩猩也能理解语法。

美国佐治亚州大学语言研究中心有一只黑猩猩，就能理解语法。它虽然不会讲话，却看得懂手语。这只名叫坎齐的黑猩猩，能够用"手"指着一块写字板上的印刷符号，或者敲击一个特制的有英文单词的键盘，来表达自己的愿望。

当然，这只黑猩猩的"特异功能"是训练出来的。首先，研究人员教这只黑猩猩学习语言，让它记住了人类的手势，以及写字板上的英文字符的关系。然后，科研人员再教黑猩猩掌握词序的技巧，他们设计了很多口语指令，还让一个2岁的小

女孩与这只黑猩猩一起学习，作为对照。在学习过程中，黑猩猩开始时与小女孩不相上下，后来，它的语法理解能力竟然超过了那个小女孩。

如果说，黑猩猩坎齐的学习表现可以勉强用"条件反射"的旧学说来解释，那么，它使用手语表达时却是动过脑子的，并非"鹦鹉学舌"那么简单。比如，坎齐想看一部名叫《寻火》的电影，它会指着写字板上的"火"与"电影"两个词，明白无误地表达自己的愿望。通过对照实验，科学家们发现黑猩猩坎齐已能面对完全陌生的句子，不是根据训练者的提示，而是凭借大脑的活动来完成任务。

更有意思的是，一位美国生物学家用电脑教黑猩猩识字造句，也取得了成功。一只14岁的黑猩猩学会了大约3000个单词，能够敲打键盘造出"我想要一杯咖啡"的句子，并通过电脑附设的电子合成器把句子"说"出来。不仅如此，它还可以同研究人员一起讨论共同观看的录像内容。

3. 你们会"八卦"了

那么，人类到底有什么与众不同的地方，使我们区别于其他动物呢？

这个令人费解的问题，至今仍然没有确切的答案。

生命女神的魔镜也没有告诉我们答案。

它只是说，你们是万物之灵，你们是智慧生命，你们与众不同。

至于如何与众不同，你们自己去寻找答案吧。

萌爷爷倒是知道，有个叫尤瓦尔·赫拉利的以色列历史学家，他写过一本叫《人类简史》的书，书中说，大约在距今 7 万年～3 万年前，智人突然获得了复杂语言的能力，出现了新的思维和沟通方式。就是这次所谓的"认知革命"，

尤瓦尔·赫拉利

改变了人类的命运，让人类从此变得与众不同。

为什么古代的智人会发生认知革命呢？

赫拉利说，这个我们无从得知，可能只是一次偶然的基因突变，改变了智人的大脑内部连接方式，于是，他们就像是吃了那棵知善恶树的果实一样，马上就顿悟了，学会用大脑来思考，用复杂的语言来沟通。

你可能觉得这个回答有些牵强。是呀，为什么这个突变只发生在智人的 DNA 里，而没有发生在其他古猿或动物的 DNA 里？这未免也太巧合了吧？

赫拉利说，是的，到目前为止，我们也只能说，这就是一个纯粹的偶然。虽然，这听起来是那么的不可思议，但事情可能就是这么巧，巧得就像是一只黑猩猩在瞎按打字机时，竟打出了一篇莎士比亚的戏剧作品。

重要的不是突变发生的原因，而是突变带来的结果：从此以后，人类就学会用大脑思考，用复杂的语言来进行交流了。

可别小看了说话这种新式的语言方式，它使人类可以互相聊天了。当我们的祖先坐在

篝火旁吹牛或聊八卦的时候，虚构的故事就诞生了，于是神就产生了。

事情可能就是这么简单：人类具有了虚构故事的能力，从此变得与众不同，开始进入文明社会，最终成为万物之灵。

什么？人类会"吹牛"，会"八卦"，居然是人成为万物之灵的原因！

这听起来太令人震惊了。

是的，如果我们细细品读赫拉利的三大名著《人类简史》《未来简史》《今日简史》，我们会觉得他说得头头是道、有根有据。他这种新奇的说法，一下子迷住了全世界的人，使他的著作风靡全球，一下子便卖了好几千万册。

赫拉利在《人类简史》中还说，在认知革命之后，传说、神话、神以及宗教也应运而生。不论是人类还是许多动物，都能大喊："小心！有狮子！"但在认知革命之后，智人就能够说出："狮子是我们部落的守护神。"

你可能要说了，明明是狮子要吃人，怎么会变成部落的守护神了呢？这不是吹牛吗？

可是，"吹牛"正是我们人类语言最独特的功能。正是我们的祖先具有了虚构事物的本领，从此，才"虚构"出了社会、

哲学、科学和文学艺术。还有商品买卖，也就是贸易，也是我们的祖先虚构出来的。

所有的动物中，只有人类能够进行交易。从古代的贝币、金银币，到中国古代成都人发明的纸币——交子，所有的贸易，都明显是以"虚构故事"为基础的。

萌爷爷请你想想，如果没

有相互之间的信任，人与人之间的交易能够进行吗？一个沙滩边捡来的贝壳，用来与你交换一张鹿皮，或一头野猪，你会同意吗？一块小圆铜，上面烙上"铜钱"两个字，然后用来跟你换几斤大米，你会同意吗？一张小纸片，上面印上"100元人民币"几个字，用来跟你交换你好不容易做出来的衣服，你会同意吗？

要让我们完全相信一个陌生人，是一件多么困难的事情！谁知道对方是不是在骗我们呢？万一我拿这张小纸片，在别处买不到东西呢？

在部落社会里，两个陌生人想要交易，那怎么办呢？那就得借助双方都相信的东西，比如说双方共同的神明、传说中的祖先或带有神奇色彩的图腾，而这些东西很多都是虚拟出来的。

回到我们的时代。正是因为我们相信着一些虚拟实体，如人民币、美元、欧元，中国人民银行、美国联邦储备银行，等等，还有企业的商标这样一些东西，我们才能够放心地进行交易。

所以说，我们人类之所以能够征服世界，是因为我们具有了虚构故事的能力，因为这一点，我们人类才与其他动物有了天壤之别。

"虚构"这件事的重点，不只在于让人类拥有想象力，更重要的是，可以让人类通过想象，编织出种种共同的虚构故事。

是的，我们真是难以理解，"吹牛皮""八卦"会有着这么大的作用。但是，如果萌爷爷换一种说法，你也许就能接受了：我们现代人的祖先智人，突然之间获得了想象力，这种想象力会使人虚构一些世界上本来不存在的东西，比如天堂地狱，比如神仙妖魔，比如新的生产工具、工艺、产品的想象，还有理想生活和理想社会的想象。因为这些想象，人们去建立不同体制的国家，不同偶像崇拜的宗教，去发现社会与自然规律，发明创造各种各样的新产品。

想象力的获得，可以说是人类心智演化的一次飞跃。由于获得了想象力，人类同时收获了超强的认知能力，获得了虚拟的自我意识和自由意志。

而这些，正是人类的探索精神和创新、创造能力的根源，也是文明之源。

我们是谁

三、你们是创造者

1. 创造力从哪里来

前面生命女神的魔镜告诉我们："你们是万物之灵，你们是智慧生命。"我们人类的形象便逐渐清晰起来了。

但是，魔镜啊魔镜，你能不能说得再详细些，我们究竟是谁？

"你们是创造者。"这是魔镜给出的第三个答案。

创造者，这个很好理解，就是说我们拥有创造新事物的能力，能创造出世界上本来没有的东西。

的确是这样。萌爷爷，请你看看我们的周围，今天我们所拥有的任何东西，包括房子、汽车、飞机、电视、电脑、手机等等，这些大自然中本来没有的东西，哪一样不是我们人类创造出来的呢？

真的很感谢人类的创造力啊，如果我们没有创造力，那我们人类现在可能还和猴子、蚂蚁一样，居住在树上或阴冷潮湿的洞穴里，光着身子，吃着生食……那是一种多么悲惨的景象。

那么，人类是从什么时候开始拥有创造新事物及持续提升设计与技巧的能力的呢？

这是个很有意思的问题。

让我们回到 600 万年前的非洲——我们的人类祖先在那里诞生。我们会发现，在最初的大约 340 万年时间里，这些早期的人类几乎没有留下什么可见的新发明。之后，迁徙的人们才开始使用石锤敲打鹅卵石，来制作切削工具。嗯，是的，这可以看作是一项不错的发明。这些工具对现在的我们来说当然十分的简陋，但在当时一个仅由自然物质组成的世界里，它们的出现简直就像是一个魔法。

可惜的是，在接下来的 160 万年时间里，我们的祖先一直都在使用同样的石斧，没有多少进步。

20 世纪 90 年代，南非的考古学家林恩·沃德利，在位于南非德班北部约 40 千米处的一个洞穴里，发现了一层奇怪的白色纤维质植物膜。这块苍白易碎的物质，就像是一张用灯芯草

和其他植物制成的古代的寝具。当时，沃德利认为，这层膜也可能是风吹落叶形成的。她把它带回实验室进行检验，结果发现，7.7万年前的穴居人已开始从木本植物中选择树叶，用于制作寝具。

这是一个令人惊讶的发现。沃德利研究后认为，远古的穴居人对当地植物非常了解，他们选择了一种具有天然防虫效果的树叶，可以驱防那些携带致命疾病的蚊子。

进一步研究发现，这些南非的穴居人的创造力，还不仅限于此。他们很可能已经会利用陷阱来捕捉小羚羊，也会制作弓箭，以狩猎更危险的猎物。而且，当时的人们还会调制多种非常有价值的化合物，比如胶黏剂。研究表明，7万年前的南非穴居人，已经是"成熟的化学家、炼金术士及烟火技工"。

另外，研究人员在南非的其他地区，也发现了一些早期发明的踪迹。比如距今10万年～7.2万年前的布隆伯斯洞原始人，能在赭石上雕刻花纹，制作用于裁剪兽皮衣服的老式骨锥，用珍珠贝壳链装扮自己，并能用鲍鱼壳制作目前已知的最早的容器；还有更早的，在平纳克尔角遗址，早在16.4万年前人们就

能改变石头的结构，把当地的一种硅结砾岩烧制成一种光亮易碎的物质。

那么，是什么使得早期人类拥有了创造力，从而让我们这一种群从远祖之中脱颖而出呢？

为了解答这个谜题，科学家研究了古人类脑壳的三维成像，并检测了我们最近的进化亲属——黑猩猩，得到了一组数据。这些数据揭示了人类的大脑是怎样一步步形成的。

数据显示，距今约300万年的旧石器时代，灵长类动物的平均脑容量是450立方厘米，大致与黑猩猩相仿；160万年前的直立人，脑容量是其2倍左右，约930立方厘米；而10万年前的现代人，脑容量为1330立方厘米。容量更大的大脑，意味着可以处理更多的信息。拥有数十亿神经元的大脑，有着更多的神经元参与处理刺激，拥有更细致的记忆。而如果我们把脑容量的这些变化与考古学记录相联系，就会发现，脑容量与科学技术生产力很可能有着很大的关联。

但是，脑容量变大，并不是唯一的变化。科学家还发现，与黑猩猩相比较，现代人的大脑仿佛重新改组过。智人可能用了数万年时间来调整大脑机能，才真正让自己的大脑产生了创造力。

科学家通过计算机模型，模拟了大脑是如何

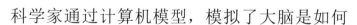

在分析与联想模式之间进行切换，并最终帮助人类走出认知萌发期，学会从新角度看待事物。他们发现，仅仅拥有更多神经元是不够的，人必须将大脑灰质的用途发挥到极致。大约在 10 万年前左右，我们的祖先达到了。从那时起，人类祖先的思维就犹如一根干柴，等待着合适的社会环境将其点燃。

1987 年，瑞士的研究人员在非洲观察黑猩猩如何搜寻食物时，发现了一个以往未见的行为：一只雌猩猩在一个蚂蚁窝旁，用一根细小的树枝插入土中，挡住巢穴入口，当蚂蚁爬满

树枝时，它便将树枝拔出，把上面的蚂蚁吃掉。

真是个聪明的家伙。

萌爷爷说过，黑猩猩的智商接近于我们人类，它们也很擅长运用各种工具，比如，它们能用石头砸开坚果，能用叶子将树洞中的水吸干，能用棍子挖掘有营养的植物根，等等。

但是，它们也仅仅只做到了这一步。

聪明如黑猩猩的动物，它们没有能力把这些知识上升为先进科技。

这就是差距。黑猩猩会教同伴捕捉白蚁，不过它们无法在这个基础上加以提高。它们不会说："嗨，让我们来制作一种

新的工具吧！"

是的，它们做不到，它们只是在不断重复同样的事情。

相比之下，我们人类很少受到这种限制。我们每天都在汲取他人的思想，并加入自己的创新，不断修正，直到我们获得一个全新的、复杂的事物。

比如，我们使用的电脑，就是来自好几代发明人的才思积累。

这种把技术积累起来的现象，我们称之为"文化棘轮效应"。

什么意思呢？这可能就是为什么人类有创造力，而黑猩猩和其他动物却没有的原因所在。由于我们的祖先有了"虚构故事"的能力，获得社交机能，就可以把自己的认知传递给别人，这些知识通过代代相传、不断累积，直到有人能想到新的改进方法，创造出新的东西。

正是这种"文化棘轮效应"，让人类获得了创造力。

微信扫码

▼ 百科小常识
▼ 趣味测一测
▼ 科普小课堂
▼ 故事广播站

2. 竞争与合作

当然，也有其他因素，推动着"文化棘轮效应"，促使约9万年～6万年前生活在非洲，以及4万年前生活在欧洲的晚期智人，达到创新高峰。为什么会这样呢？

比如说，采猎群体的规模越大，孕育出新科技的可能性就越大。

也就是说，相对于那些小型或被隔绝的团体，在大群体内，越是经常与他人接触的人，越有可能学到新发明。

2012年的《自然》杂志就刊登过考古方面的证据，展示了南部非洲由人口密度增长所带来的技术复兴：大约7.1万年前，居于非洲南部的晚期智人，设计并流传下来了一种复杂的技术，用于制作投掷武器上的小型石刀。英国的考古学家感叹地说："像病毒一样，文化创新，需要特定的社会环境加以推动。最重要的是，必须拥有可以相互影响并高度接触的人群。"

这可能给了我们一个启示：创造力的产生，可能不取决于你有多聪明，而是在于你是否能与别人良好沟通。

就好比说，达·芬奇是意大利文艺复兴时期的杰出画家，拥有非凡的创造力，他创作出了《蒙娜丽莎》等无数的杰作。不过，他的天赋是构筑于自旧石器时代晚期以来，无数艺术家的心血结晶之上。即使是今天的艺术家，他们在观赏《蒙娜丽莎》时，也仍能从中找到新的灵感，推陈出新。

人类的创新之路之所以从未中断，是因为我们在高度联结的社会中，各种天赋在引领着我们不断地前进。就像我们今天，虽然足不出户，也能从电视、电脑、手机中得知天底下发生了什么事，了解各种新鲜事物，获取海量的信息。科技缩短了人们之间的距离，让地球变成一个村，加速信息之间的传递。然后，通过这些信息，我们的认知、创新能力也不断得到提升。

以色列历史学家尤尔·赫拉利在《人类简史》中说，我们的祖先与其他生物最根本的区别，在于具有大规模而灵活的合

作精神。他说，在漫长的发展过程中，人类从原本用石矛头的长矛来猎杀猛犸象，进化到能制造宇宙飞船探索太阳系，并不是因为人的双手变得更灵巧了，也不是因为大脑进化得更大了（事实上，现代人的大脑似乎还小了一些）；我们征服世界的关键因素，其实在于让许多人类团结起来的能力。如今人类完全主宰地球，并不是因为单个人比单个黑猩猩或狼更聪明，或是手指更灵巧，而是地球上只有智人这个物种，能够大规模而灵活地合作。

他接着说，智力和制造工具当然也很重要，但如果人类还没学会如何大规模地灵活合作，大脑再聪明、手脚再灵活，到现在也仍然是在敲燧石，而不是撞击铀原子。

人类是社会的动物，这也许是我们与其他动物的最大区别。

可是，动物学家们通过长期研究发现，狼、蚂蚁、蜜蜂、黑猩猩、蝗虫等动物也是社会性的群居动物，能够组织起一个分工合作的社会。

比如，在蚂蚁的"社会"中，我们也能够看

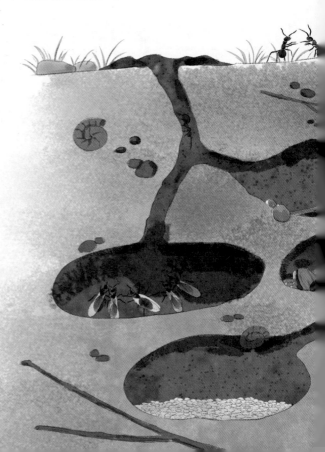

到蚂蚁有着明确的分工：工蚁负责建造、觅食、运粮；兵蚁负责抵抗外来侵略，保卫家园；而雄蚁和蚁后，则负责繁殖后代。雄蚁和蚁后相识后，一见钟情，进行交尾，不过"新郎"寿命不长，交尾后不久便会死亡。蚁后脱掉翅膀在地下筑巢，孵化出大批工蚁和兵蚁，组成一个蚂蚁大家庭，蚁后就成为大家族的统帅。抚育幼蚁和饲喂蚁后的工作，均由工蚁承担。蚁后的平均寿命可长达 20 年，它不断产卵，以繁殖大家族。可以说，它们职责明确，各尽所能，充分展现出了团结协作和利他的精神。

蜜蜂也是一个社会化分工非常严密的生物群体，

成千上万的个体终生无私地为集体服务。雄蜂一生的任务极为简单：平时养尊处优，什么事也不必干，只等成熟后飞到空中与蜂王相会，完成一生只有一次的交配。

你可能要说，蚂蚁、蜜蜂、黑猩猩、狼、大象、蝗虫等也是社会性群居动物，为什么它们没有"文化棘轮效应"，孕育出新科技呢？

这是因为，虽然这些动物也有"社会"，也有合作精神，但是，它们的"合作"机制却与人类不一样。

有什么不一样呢？

蚂蚁社会是以利他基因为合作基石的，这看来比人类还先进，但是，它们一亿年来都没有进步。而人类以自私基因为基础的"竞争性"合作方式，则发展迅速。

人类的这种合作方式，也是基于我们有"虚构故事"的能力。这样的能力，让我们得以结交"陌生人"，从而集结大批人力，灵活合作。

虽然一群蚂蚁或一群蜜蜂也会合作，但它们的方式比较死板，合作只限于近亲。至于狼或黑猩猩的合作方式，虽然已经比蚂蚁灵活许多，但仍然只能和少数其他十分熟悉的个体合作。

一句话，它们不和"陌生人"打交道。它们只生活在自己的封闭圈里，难以进行知识的扩散和传承。它们是一个个封闭的小圈子。

而我们人类祖先的合作，不仅灵活，而且还能通过"虚构故事"与无数陌生人合作，让知识不断地扩散、积累。

或许正因为如此，人类才得以统治世界。

3．认知的革命

约 20 万年前，人类的祖先智人诞生后，在很长时间内，并没有什么大的发展。到了大约 7 万年前，智人仿佛脱胎换骨，拥有了创造力，达到创新高峰。大约在那个时候，智人第二次从非洲出发，走向欧洲和亚洲。

之后，大约 4.5 万年前，智人越过了海洋，抵达从未有人类居住的澳大利亚大陆。在大约 7 万年～3 万年前之间，智人发明了船、油灯、弓箭，还有缝制御寒衣物所不可缺少的针。确实能称为艺术或珠宝的物品，正是出现在这几万年里。同时，也有确切的证据证明，这段时期的人类，已经出现了宗教、商业和社会分层。

而在这段时间里，最重要的发明创造应该是人工取火技术。

在距今约 5 万年前，人类居住的地区多雨，气候潮湿。那个时候的人们，处于进入新石器时代的过渡期，学会了使用石制器具，居住的场所也从山洞转移到树上，生活水平有了一个飞跃。但是，那时候的人们还不懂得种植庄稼，只能依靠打猎为生。人们把捕获来的猎物，割成肉块生吃。我们都知道，人类的消化系统很难适应生肉，而且生肉味道也很差，人们吃生肉很容易引起肠胃系统的疾病。那个时候医疗条件差，人们一旦患了肠胃系统的疾病，就有可能会直接要了性命。

偶尔，森林也会因为雷电发生自燃，但是那个时候的人们都十分怕火，大家绕火而行，避火而居。其中也有一些胆子比较大的人，会捡起被火烧死的小动物来吃，嘿，没想到味道还不错，并且更易于咀嚼了。此外，他们还发现，在寒冷的时候，火还可以帮助人们取暖，晚上猛兽也不敢靠近。于是，越来越多的人不再回避火的

存在，开始学会利用和保存自然界的火，结束了茹毛饮血的生活。这样一来，疾病减少了，人们的寿命也得到了延长。

但是，由于火种很难保存，经常发生多个部落同时断绝火种的情况。为了寻求火种，有的人只好去遥远的陌生部落求助，有时因为遭到拒绝，人们只能被迫去盗火、抢火，从而引发部落之间的争斗。

在失去火种的日子里，人们只能继续吃那些腥膻的生肉。然而许多人已经吃惯了熟食，再吃生肉就会生病。因为没有火，一些野兽夜里也时常出来袭击人类。

失去火种给人们的生活带来诸多的烦恼和不便。怎么办呢？

于是，人类发明了人工取火技术。到底是谁发明了人工取火技术，已不得而知。但是，东方和西方都留下了一些有趣的传说。

希腊神话中，天神普罗米修斯看到人类的生活非常困苦，没有火烧烤食物，没有火照明，就请求众神之王宙斯把火种给人类，但被宙斯拒绝了。无奈之下，普罗米修斯只好从太阳神阿波罗那里偷到一个火种，带到人间。

宙斯发现人间烟火袅袅，追查之下，得知是普罗米修斯盗走了天火，便大发雷霆，命火神惩罚普罗米修斯。火神让普罗米修斯归还火种，但普罗米修斯拒绝这么做。火神只好用铁链把普罗米修斯绑在悬崖绝壁上，让他经受烈日暴雨的折磨，每天让一只老鹰啄食他。尽管如此，普罗米修斯既不后悔，也不

屈服，情愿为了人类忍受折磨。

在中国的传说里，燧人氏比普罗米修斯更高一筹。他不向神明乞求火种，而是自己发明了钻木取火和燧石取火。

燧人氏生活在我国上古时期，一次很偶然的机会，他发现鸟在啄一种叫作燧木的树时，竟然出现了火花。他深受启发，折下燧木的树枝，模拟鸟啄木的方式，用尖锐的木头去钻另一根木头，通过高速旋转摩擦，让尖锐的木头产生火花，这就是最早的钻木取火。

后来，燧人氏发现，有种石头能打出火花，这种石头就是燧石，于是他又发明了燧石取火。这个方法，比钻木取火更方便简单，从此人类就可以更加自如地使用火了。燧人氏也因为发明了钻木取火和燧石取火，被后人尊为"燧皇"，奉为"火祖"。

有学者研究认为，传说中的燧人氏，可能确有其人，就出现在人类失去火种的这一时期。

燧人氏的先祖起源于青藏高原的昆仑山，古称羌戎，是东方人的重要支脉。距今约 5 万年前，地球上最近的一次冰河期来临，全球气温下降了 12℃，海水冻结，昆仑山大面积被冰雪覆盖。距今约 3 万年前，昆仑山雪线下滑，燧人氏的先祖已经无法继续生活在昆仑山上，只好迁徙到祁连山一带的河西走廊，在那里定居下来。

经过了几百代的发展，燧人氏的族群迅速扩大，遍布黄河、长江两大流域，成为中华民族进入远古文明时代的第一始祖。这里所说的燧人氏并非是一个人，而是氏族的总称。燧人氏族团的一个名叫 "燧" 的人，首先发明了钻木取火，结束了人类靠天取火的历史。接着，他又发明了燧石取火，使取火变成了很轻松的事情。人们十分尊敬这位圣人，一致推举他为氏族首领，后来又被各氏族首领共同推举为氏族联盟大酋长，称他为"燧皇"。

于是，燧人氏便在他的居住地，建造了

中国历史上最早的村庄。村庄是由几十座茅草屋组成，取名为"遂明"。传说燧人氏所建村庄的遗址，就在今天的湖南省常德市澧县车溪乡南岳村一带。

考古学家曾在燧人氏的晚期遗址中，发掘出两种陶片，其生产年代距今约 1.2 万年。这意味着在当时，我们的先祖已经能生产制作陶器，这是中华人种从原始时代向文明时代过渡的重要物证。

在燧人氏的陶器上，考古学家还发现了人类早期的文字符号——"陶文"，以及《河图》、《洛书》、星象历。燧人氏用"陶文"符号创造了"十天干"，即：甲、乙、丙、丁、戊、己、庚、辛、壬、癸。他们不但为山川百物命名，还建立了人类早期的伦理道德，对人的婚姻交配进行血缘上的限制，使人与兽有了严格的区分。中国有图文记载的 9000 年文明历史，就是从这里开始的。

而另一支弇（yǎn）兹氏族群里，有一位叫织女的发明了"结绳记事"。织女是中国历史上最早的一位女首领，后世人追尊她为女帝，又称玄女、玄帝、素女等。她在距今约 3 万年前，就发明了用树皮搓绳的技术。她发明的绳有三种：单股的绳称作"玄"，两股合成的称作"兹"，三股合成的称作"索"（又作素）。她将柔软而有韧性的树皮搓成细绳，然后将数十条细绳排列整齐悬挂在一处，在上边打结记事。大事打大结，小事打小结，先发生的事打在里边，后发生的事打在外边。

此外，为了能够记录更多的事情，织女又利用植物的天然色彩，把细绳染成各种颜色，每种颜色分别代表一类事物，使所记的事情更加清楚。

在距今约 1.5 万年～1.3 万年前，北极星因织女而命名为织女星。弇兹氏自立姓氏为"风"，这是中国人最早的姓。

4. 知识大爆炸

迄今 1.2 万年～7000 年前，地球上有着几千个独立部落，大约有 500 万～800 万的人类狩猎采集者，他们有着不同的语言和文化。

然而，奇怪的是，在这一时期内，地球上几个互不往来的地区——非洲的尼罗河流域、西亚的幼发拉底河和底格里斯河流域（两河流域），以及东亚的黄河流域和长江流域，几乎同时发生了一次"知识大爆炸"，使人类不约而同地进入了农业文明时代。

这次知识大爆炸的特点，是人类学会了饲养家畜和种植农作物，开始摆脱狩猎时代的被动局面。

在公元前 1.2 万年左右，生活在尼罗河地区的古埃及人，率先学会了农耕。中国的长江流域和黄河流域，也在不久后进入了农耕文明时期。

在大约距今 7000 年前，在中国南部的浙江河姆渡地区，人们已经开始大量种植水稻。在黄河流域的陕西半坡村地区，除种植水稻外，人们还能种植粟、白菜、芥菜，饲养猪、狗等。

在这一时期的知识大爆炸中，农业、畜牧业、陶器、建筑

业可以被看作是"四大发明"。在西南亚地区，出现了小麦和大麦的种植；在中美洲和秘鲁地区，人们种植玉米、马铃薯和南瓜。驯养的家畜，也从狗、猪、马扩大到绵羊、山羊、牛等。人类在这一时期，完成了从主食到副食的饮食结构框架，一直沿袭至今，几千年来没有多大的改变。

而这一次知识大爆炸，走在世界前列的是埃及。当然，我们中国也并不落后，中国在这一时期对于水稻和粟的人工栽培，对于家猪的驯养，还有对于历法和乐器的发明等等，至少可以与埃及、印度、古巴比伦比肩。

到了大约 6000 年～3000 年前，人类社会又经历了一次知识大爆炸。这次知识大爆炸的特点，是青铜器的发明、文字的创造和阶级社会的建立。人类的知识积累从单纯的自然科学知识积累，转向自然科学知识与社会科学知识并重的阶段。这次知识大爆炸，主要发生在埃及、巴比伦、中国和印度等地区。

而这一次知识大爆炸，走在世界前列的仍然是埃及。埃及在这一时期发明了制作亚麻布的技术和太阳历、帆船、玻璃和十进制计数法，以及建造了金字塔。

巴比伦和中国也不甘落后。在这一时期，古巴比伦人发明了楔形文字和泥版文书，形成了城市国家，建立了以巴比伦城为首都的古巴比伦王国，制定了全国统一的法典——汉谟拉比法典。中国则发明了蚕丝纺织和铸铜技术，开始使用铜器。

其中文字的出现，可以说是这个时期的知识大爆炸产物。文字的发明创造，标志着人类跨进文明社会，真正成为这个世界的主宰。

文字大体上可以分为形意文字、意音文字和拼音文字三种。

公元前 3000 年，在尼罗河流域的埃及和美索不达米亚地区

的苏美尔，诞生了人类最早的文字——楔形文字。这种文字是用芦苇秆和木棒刻画压制在泥板上，呈现楔形形状的意音文字。

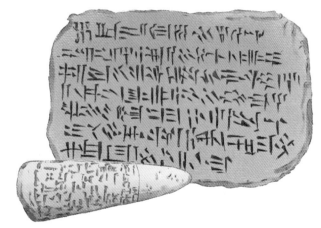

神奇的是，在遥远地球的另一端，中美洲的文明也诞生出了自己的文字。公元前 600 年左右，在墨西哥南部出现了印第安文字。公元 292 年以前，在墨西哥低地地区出现了玛雅文字。中美洲大陆的文字体系与苏美尔文字的组成原则基本一致，也是由语标和语音符号组成。

在地球的两端，相隔千年都演进出了相似的文字，这极大地印证了人类创造力的普遍性。今天我们看到的众多文字体系，都是最初苏美尔楔形文字的复制和改进。

在公元前 1500 年，北非的腓尼基人在埃及象形文字的基础之上，创造了腓尼基字母。在随后的历史中，腓尼基字母分化出了希腊字母、罗马字母、阿拉伯字母和西里尔字母（俄语）。之后，希腊字母又经过不断改进，诞生了今天我们所普遍使用的英文字母。

今天，古老的楔形文已经失传，玛雅文字成为天书，古埃及文字也躺在博物馆里等待被破解。在这些古老的文字中，只有中国的文字，依然璀璨绚烂。

最早的证据显示，汉字诞生在公元前1300年左右，相较于苏美尔楔形文、古埃及象形文和玛雅文字来说，它是唯一流传延续至今的古老文字。它从殷墟的甲骨中走来，一路经历了籀文、金文、大篆、小篆、隶书、楷书、草书和行书的演进，对中华民族和中华文化的形成，起到了至关重要的作用。也影响了整个东亚世界，使其成为当今人类文明中不可或缺的东方文明。

在这段时期中，我们中国还为人类文明贡献了瓷器。中国最早的陶器距今有1.5万年甚至更早。我国长江流域、黄河流域是烧造陶器的源头，仰韶文化遗址、半坡文化遗址出土的彩陶都非常精美。在3000多年以前的商代，瓷器的前身——一种被称为原始青瓷的物品就出现了。这种物品出现以后，又经过

很长时间才慢慢形成了正式的瓷器，此后直到公元前12世纪的宋代，还没有任何其他国家能够烧制瓷器。所以，外国人称中国是"瓷器之国"，在英文中"瓷器（china）"与中国（China）同为一词。作为历史悠久的文明古国，中国在陶瓷技术与艺术上所取得的成就举世瞩目。

到了公元前1000年，又形成了一次规模较大的知识大爆炸。这次知识大爆炸的特点，是哲学和自然科学体系的建立和主要

宗教的创建。

哲学和自然科学体系的建立，使人类的思维规范化，让无序的科学发现和创造发明走向有序，让人类可以有计划、有目的地探索大自然的奥秘。这是导致人类文明加速发展，直至20世纪出现知识大爆炸的划时代事件。

走在这次知识爆炸前列的是古希腊人。领头人是四大智者：德谟克里特、亚里士多德、欧几里得和阿基米德。德谟克里特提出万物都是由原子组成的理论；亚里士多德提出包括哲学、逻辑学、物理学、地理学、生物学、天文学、生理学等诸多理论，对科学进行分类，促使其逐步演化为许多独立的学科,可称之为"科学鼻祖"；欧几

里得发表了《几何原本》，可以说是"数学鼻祖"；阿基米德发表《论浮体》，提出著名的阿基米德定律，阐释了杠杆、滑轮、斜面的工作原理，应称之为"物理学鼻祖"。

在这一次知识爆炸中，中国也不落后。我们发明了纺织机，并发明了二十四节气以指导农耕；中国墨子学派发现了杠杆平

衡原理，比阿基米德早 100 多年，还发现了平面镜、凹凸镜成像规律；李冰主持修建了当时世界最先进的都江堰水利工程；秦始皇始建万里长城；中国数学家发表了《九章算术》，可与《几何原本》媲美。

此外，在这次知识爆炸中，小亚细亚的赫梯人在公元前 15 世纪左右，开始使用货币。货币的发明，也是人类文明史上的大事之一。

可以说，以希腊科学家和中国科学家为代表的这一次知识更新，使人类积累的知识开始以几何级数增长。

公元后的第一个千年，知识更新的速度显著加快，知识爆炸主要出现在中国，还有古罗马和希腊。在这个千年里，中国

为人类文明贡献了三大发明：造纸术、指南针和火药。此外，中国还为人类文明奉献了许多重要发明：张衡发明的地动仪，于公元138年成功地记录了在甘肃发生的地震；华佗发明的麻沸散，开创了麻醉手术的先河；祖冲之的数学名著《九章术义注》，推出了当时世界上最精确的圆周率；郦道元的《水经注》，是世界上第一部综合性地理著作；贾思勰的《齐民要术》，是开创总结农业生产技术的先河。

在这一个千年里，古罗马科学家老普林尼著的《自然史》，集当时天文、地理、气象、采矿、冶金、农业知识大全于一书，为人类保存了重要的知识遗产；古罗马科学家盖伦，首创活体解剖，开创了解剖学、生理学研究。

公元后的第二个千年，科学技术的发展更加迅速。中国在这个千年里，一直走在世界科技发展的前列，是世界科技发展的领头羊。我们向世界奉献了第四大发明——活字印刷术。同时，造纸术、活字印刷术、指南针和火药也传到了西方。可以说，没有中国的造纸术和活字印刷术，世界科技的信息就不会传播得那么快，书刊也不会出版印刷得那么多；而没有中国发明的指南针，就不可能有哥伦布、麦哲伦等的航海发现；没有中国发明的火药，就不会有枪炮、火箭的发明。

此外，在这一时期，中国科学家还有许多发明创造贡献给世界：沈括的《梦溪笔谈》，为世界留下了中国古代的知识遗产；算盘的发明，成为世界上最早、最便捷的计算器；药圣李时珍的伟大著作《本草纲目》，为人类利用动植物资源提供了指南；徐霞客的《徐霞客游记》，是世界上首次论及石灰岩的著作；徐光启的《农政全书》，是中国古代农业科技的成果总结；宋应星的《天工开物》，是世界上第一部关于工农业生产的百科全书。

5. 科学改变世界

最近一两百年来，我们的世界正发生着翻天覆地的变化，人类的科学技术水平得到了突飞猛进的发展，我们在科技领域上所取得的成绩，已经超过了曾经的数千年。

尤其是进入到 21 世纪以后，各类新鲜事物层出不穷，日新月异。比如说，倒退到 10 年前，智能手机还未曾普及，人们出门还需要带着钱包；而如今，我们出门只需要一部手机就可以了，就连街边的小摊都可以用手机扫码支付。

现在，我们人类已能飞向太空，人类的足迹已经到达月球，并且正雄心勃勃地准备前往火星，甚至更远的星球。从钻木取火到现在飞向太空，人类的创造力带来的变化简直难以用语言来形容，因为科学的出现，世界的变化日新月异。如果说是科学创造了一个新的世界，恐怕一点儿也不为过。虽然科学的诞生不过短短几百年的历史，可就是在这短短的几百年时间里，无数的奇迹出现了。因科学所创造的生产力，已经超越了过去几千年全世界所创造的生产力总和，这就是科学的力量和魅力。

如果让一个 1900 年的发明家来看今天的世界，他或许会认得汽车、电话、飞机，他也或许能想象出宇宙飞船、深海潜艇，但他绝对会对计算机、互联网、基因工程、核能一无所知。

再过一两百年，人类的科学技术肯定还会在很多领域出现爆炸性的突破和发展，比如，也许我们的人脑已能与电脑结为一体，也许我们已能在火星上定居，也许每个人都能克隆备用的器官，也许人能实现"永生"……

是人类的创造力，改变了我们身边的世界。

魔镜说得没错，我们人类是不折不扣的创造者。

尤其是近三百年来人类的三次工业革命，以及我们正在进行的第四次工业革命，更彰显了人类的创造力。

1687 年，牛顿的《自然定律》问世，标志着现代科学的出现，西欧开始加速超越东方。欧洲经过文艺复兴，进入了学术界百花齐放的阶段，重大发现发明不断。比如，在很长的一段时间内，中国一直掌握瓷器的核心科技，但是到了 18 世纪初，德国率先破解了瓷器制造技术，而在 18 世纪末，英国人已经将欧洲瓷器作为礼物赠送给乾隆皇帝。

18 世纪中叶，英国涌现了两项革命性的发明——蒸汽机和机械化纺织机，掀起了一场生产与科技革命，大机器生产开始取代工厂手工业，历史上把这次科技变革称为"第一次工业革命"。

　　这次工业革命，首先出现于工厂手工业最为发达的棉纺织业。1765年，织工哈格里夫斯发明了"珍妮纺纱机"，揭开了工业革命的序幕。从此，在棉纺织业中出现了螺机、水力织布机等先进机器。不久，在采煤、冶金等许多工业部门，也都陆续有了机器生产。

　　随着机器生产越来越多，原有的动力如畜力、水力和风力等已经无法满足需要。1785年，詹姆斯·瓦特制造出改良型蒸汽机，为生产提供了更加便利的动力，大大推动了机器的普及和发展。改良型蒸汽机出现以后，人类可以通过蒸汽机把地下的化石能源如煤炭燃烧之后变成蒸汽动力，这个效率是人力和其他自然力量比不了的。从此，人类社会进入了"蒸汽时代"。

　　随后，这场技术革命由英国向整个欧洲大陆传播，19世纪传到美国，1860年

詹姆斯·瓦特

左右美国完成崛起。美国发展工业革命的条件得天独厚，国内资源丰富，市场广阔，不但拥有廉价的劳动力，还拥有先进的生产技术和生产经验。美国涌现出许多的发明成果，如轧棉机、缝纫机、拖拉机和轮船等，同时还采用和推广机器零件的标准化生产方式，大大促进了机器制造业的发展，推动了机器的普及。

19 世纪中期，随着欧洲国家和美国、日本的经济获得较大发展，自然科学研究也取得了重大进展，各种新技术、新发明层出不穷，并被应用于各种工业生产领域。19 世纪 60 年代后期，第二次工业革命蓬勃兴起，人类进入了"电气时代"。

第二次工业革命以电器的广泛应用最为显著。1866 年，德国人西门子制成了发电机；19 世纪 70 年代，实际可用的发电机问世，电器开始代替机器，成为补充和取代以蒸汽机为动力的新能源。随后，电灯、电车、电影放映机等也相继问世。

这段时期，科学技术应用于工业生产的另一项重大成就，是内燃机的创新和使用。

由于利用了电并发明了主要使

用石油和汽油的内燃机，动力工业被彻底改革。19世纪七八十年代，以煤气和汽油为燃料的内燃机相继诞生。内燃机的发明，解决了交通工具的发动机问题，由内燃机驱动的汽车、远洋轮船、飞机等也得到了迅速发展。

内燃机的应用推动了石油开采业的发展和石油化工工业的生产。化学家发明了从原油中提炼出石脑油、汽油、煤油和轻、重润滑油的种种方法。煤除了提供焦炭和供照明用的宝贵的煤气外，还从中提炼出一种液体即煤焦油。化学家在这种物质中发现了真正的宝物——各种衍生物，其中包括数百种染料和大

量的副产品如阿司匹林、冬青油、糖精、消毒剂、轻泻剂、香水、摄影用的化学制品、烈性炸药及香橙花精等。

科学技术的进步也带动了电信事业的发展。19世纪70年代，美国人贝尔发明了电话，90年代意大利人伽利尔摩·马可尼试验无线电报取得了成功，这些都为迅速传递信息提供了方便。世界各国的经济、政治和文化联系进一步加强。

20世纪初，美国人亨利·福特因为发明了能将汽车零件运送到装配工人所需要的地点的环形传送带，也就是我们常说的"流水线"，因而名声大震。流水线由于具有输送量大、结构简单、维护方便、成本低和通用性强等优点，被广泛应用于现代化的各种工业企业中。

20世纪四五十年代，美国生产出人类第一台二进制计算机，掀起了第三次科学技术革

伽利尔摩·马可尼

命，人类进入"信息时代"。这次科技革命以原子能技术、航天技术、电子计算机技术的应用为主，还包括人工合成材料、分子生物学和遗传工程等高新技术。

1946年，世界上第一台电子计算机"ENIAC"在美国宾夕法尼亚大学诞生，发明人是莫克利和艾克特。这台计算机可以说是个庞然大物，它占地约170平方米，重30余吨，肚子里装有18000个电子管，每秒钟可进行5000次运算。

现在看来，每秒钟进行5000次运算虽然微不足道，但在当时却是破天荒的。ENIAC的问世，标志着现代计算机的诞生，是计算机发展史上的里程碑。

1959年，晶体管计算机诞生，其运算速度每秒在100万次以上，1964年达到300万次。70年代发展为大规模集成电路，每秒可运算1.5亿次。80年代发展为智能计算机。90年代出现了光子计算机、生物计算机等。大体上每隔5～8年，计算机的运算速度就会提高10倍，而体积却缩小10倍，成本降低10倍。我们中国自行设计研制的"银河"大型计算机，每秒可计算上亿次。

从1980年开始，微型计算机迅速发展，个人电脑走进了千家万户，全球互联网络大大缩短了人类交往的距离。人类足不出户，也能知道世界各地发生了什么事，并能够即时进行沟通、交流。

在这一时期，人类的空间技术也取得了重大发展。

1957 年，苏联发射了世界上第一颗人造地球卫星，开创了空间技术发展的新纪元。美国人不甘示弱，于 1958 年也发射了人造地球卫星。但一年之后，苏联又取得了一项新成就：苏联发射的"月球"2 号卫星，最先把物体送上月球。就在美国人瞠目结舌之际，1961 年，苏联宇航员加加林乘坐飞船率先进入太空。

被刺激的美国人，开始了 60 年代规模庞大的"阿波罗"计划。终于在 1969 年，他们实现了人类登月的梦想。

70 年代以来，人类的空间活动由近地空间为主转向飞出太阳系。我国的宇航空间技术在 1970 年以来发展迅速，现已跻身于世界宇航大国之列。

第三次技术革命的成果，还表现为原子能技术的利用和发展。1945 年以后，美国、苏联、英国、法国和中国相继试制核武器成功。除在军事领域的应用外，和平利用原子能工业也有一定发展：1954 年，苏联建成第一个原子能电站；1957 年，

苏联第一艘核动力破冰船下水。到 1977 年，世界上已有 22 个国家和地区拥有核电站反应堆 229 座。

此外，信息产业的发展带来了分子生物学、遗传工程、生物信息学的发展。全球信息和资源交流变得更为迅速，大多数国家和地区都被卷入到全球化进程之中，人类文明的发达程度也达到空前的高度。第三次信息革命方兴未艾，还在全球扩散和传播。

前三次工业革命使得人类发展进入了空前繁荣的时代，与此同时，也造成了巨大的能源、资源消耗，付出了巨大的环境代价、生态成本，急剧地扩大了人与自然之间的矛盾。进入 21世纪，人类面临空前的全球能源与资源危机、全球生态与环境危机、全球气候变化危机的多重挑战，由此引发了第四次工业革命——绿色工业革命。

第四次工业革命是以互联网产业化、工业智能化、工业一体化为代表，以人工智能、清洁能源、无人控制技术、量子信息技术、虚拟现实，以及生物技术为主的全新技术革命。生物、物理和数字技术的融合，将改变我们今天所知的世界。

幸运的是，21世纪发动的第四次工业革命，使中国第一次与发达国家站在了同一起跑线上。

在过去200多年世界工业化、现代化的历史上，我们中国曾先后失去过三次工业革命的机会。在前两次工业革命过程中，中国都是边缘化者、落伍者，急剧地衰落。落后就要挨打，这

也是近代中国饱受欺凌的重要原因之一。之后中国在极低的发展水平起点，发动了国家工业化，同时进行了第一次、第二次工业革命。即使是在 20 世纪 80 年代以来的信息革命中，我们也仅仅是侥幸上了末班车。但是中国仅仅用了 70 年时间就取得了工业化的成功，较西方国家的几百年时间少得多，并且没有对外侵略和殖民。

如今，中国已经成为世界最大的 ICT（信息通信技术）生产国、消费国和出口国，正在成为领先者。进入 21 世纪，中国第一次与美国、欧盟、日本等发达国家站在同一起跑线上，在加速信息工业革命的同时，正式发动和创新第四次工业革命。

第四次工业革命对中国来说，是最大的历史机遇。另外，经过 70 年的发展，中国在科技和军事方面也达到了比较高的水平。未来 10 年，无论是科技还是军事，中国都会进入黄金发展时期。

这样的态势，意味着第四次工业革命之后，人类的生产力布局将完全不同于过去几百年。过去几百年工业革命都在西方，因此，西方的生产力绝对领先，甚至有些时候一骑绝尘。第四次工业革命之后，东方的生产力有可能会崛起，这是百年未有之大变局的最重要变化。

萌爷爷相信，随着中国综合国力大大增强，复苏的巨龙在新千年的新一轮知识大爆炸中，一定能为人类文明增添若干有巨大价值的新成果。

我们是谁

四、你们是天使

1. 人性本善

生命女神的魔镜前面已经告诉我们，你们是万物之灵，你们是智慧生命，你们是创造者，使我们人类对自己有了一定的认识。人类是有智慧、有创造力的物种，我们把野蛮荒凉的地球，变成了多姿多彩的美丽家园。

"原来我们人类是这么了不起！魔镜啊魔镜，除了这些，还有什么吗？"

"当然还有，"魔镜说，"你们是天使。"

"咦，我们是天使？"

魔镜为什么这么说呢？

萌爷爷知道，魔镜想说的是，我们人类是善良的。

2300多年前，一位叫孟子的先贤说过："人性之善也，犹水之就下也。人无有不善，水无有不下。"

孟子的意思是说，人性向善，就像水往低处流一样；人性没有不善良的，犹如水没有不向低处流的。

科学家曾做过一个有趣的实验：研究人员每天在一群刚刚会爬的婴儿面前做一些简单的动作，比如用夹子挂毛巾，把书垒成堆。过了一段时间，研究人员故意笨手笨脚地搞砸这些最

简单的成果，比如把夹子弄掉了，或把书堆碰倒了。这时，实验室里的 24 个婴儿，都表现出想要帮忙的意思。他们有的手脚并用地爬过来，抓起夹子，看起来急切地要把夹子递给研究员。

　　在整个实验过程中，研究员从来不主动要求婴儿帮助他，也不说"谢谢"之类的话。因为如果做出感谢等表示，很容易改变研究的初衷，使婴儿在帮助人的同时期望得到回报。所以整个研究过程中，婴儿完全展现了真正的利他主义精神，助人而不图回报。

这个简单的实验证明，婴儿竟然个个都是乐于助人的"好儿童"，天生具有帮助他人的无私品质和能力。

而婴儿表现出利他主义的心理，证明了助人为乐是人的天性使然。

在我们的生活中，我们到处都可以看到助人为乐的人，比如在公交车、地铁上为老人或孕妇让座的人，扶起摔倒老人的人，无偿献血的人，向慈善机构捐款的人，等等。这些行为除了可以使人们获得自我满足感，通常都不会有任何实质性回报。可见助人为乐是人的天性使然。

这样的例子很多很多。下面让我们一起来看看人类身上的各种善行吧。

2. 军人行善

在灾难面前，最先冲到第一线的，往往是可敬又可爱的解放军战士们。

1998 年夏天，我国长江中下游地区连降暴雨，水患泛滥，并很快演变成多年来罕见的特大洪涝灾害。汹涌的江水咆哮着漫过堤岸，在茫茫的大地上倾泻、奔腾，冲毁了 46 条国道和483 条省道，无数村舍、学校、医院、粮仓顷刻间就沉入了水底。这场突如其来的大灾难，使全国 29 个省市的 2 亿 3000 多万居民和约 2229 万公顷的农田受灾，房屋倒塌近 685 万间，近

2000万人痛失家园，伤病、失踪、死亡的人数达80多万，估计造成直接经济损失2551亿元人民币。

当洪水袭向灾区人民时，首先出现的是身穿迷彩服的解放军战士。是他们在洪水面前，用血肉之躯筑起了钢铁长城。洪水无情人有情，点点迷彩汇成绿色的海洋，给洪水中的人民群众带来生的希望。

这些战士许多都是十八九岁的独生子女，平时在家里都是"重点保护对象"。但是在抗洪抢险的第一线，他们个个都是铁打的英雄好汉，都是人民的保护神，都是洪水中生的希望。

在抗洪抢险的紧要关头，无论你走到哪里，都会看到解放军战士的身影，听到他们的豪言壮语："誓与大堤共存亡！""人在堤在，水长堤高！""不获全胜，决不收兵！"

下面就让萌爷爷带你再回到那一个个惊心动魄的时刻吧。

8月1日晚，湖北嘉鱼簰洲湾发生管涌进而溃口，4亿多立方米的洪水以8米高的落差，疯狂地扑向垸（yuàn）内。垸内共有29个村庄5.3万多名群众。一时间，逃难的人群拖儿带女，

四处寻找生还的希望。

仅仅一个小时后，簰洲湾大救援就开始了。空军某部和武警某部从不同方向展开了大营救，陆航某部3架直升机冒险向下空投救生器材，不久，海军某部也火速赶到，加入营救的行列。

这时候，赶去抢堵管涌的广州军区舟桥旅某营199名官兵，以及广州空军高炮五团某连的170多人，半路上与洪水遭遇。

咆哮的洪水，向这支抢险队伍劈头盖脸扑来。身陷洪水之中的官兵们，立即组织起来抢救群众。高炮五团某连指导员，在危急关头把救生衣让给了不会游泳的新战士，自己在洪流中连续救出8名群众和战士后，终因体力不支被急流卷走，献出了宝贵的生命。

战士罗伟峰，连续7次下水，把7名群众救上了大堤。当他第八次跳进洪水中时，被一位老大爷死死抱住动弹不得。危险之中，罗伟峰抱住了一棵大树，使尽全身的力气，双腿紧紧夹住树干，让老人坐在自己的肩上。整整一夜，水涨一寸，他就将老人往上顶一寸，硬是用自己的肩膀顶着老人，一直坚持到天亮。

8月7日中午，九江城防大堤4～5号闸的决口，由3米逐渐扩展到近60米，堤内堤外落差高达7米多。九江城区50万人民的生命和财产，危在旦夕。

在这万分危急的时刻，南京军区抗洪指挥部紧急调遣部队，向决口地段集结。战士们将8条民船沉到了决口处，使水势有所减缓。接着，一袋袋碎石、煤炭、稻谷被投放到水中，在沉船外侧筑起一道新的围堰。洪水面前没有退路，在这场恶仗中，很多人连续战斗30多个小时，有的甚至两昼夜没有合眼，先后有20多人因脱水和疲劳过度昏倒。

战士翟冲在大堤上奋战 38 个小时后，因昏迷不醒被送进医院。在医院，他一次停止心跳 10 分钟，八次停止呼吸，昏迷时间长达 42.5 小时。成千上万九江市民自发前往医院看望翟冲，他们在心底里呼唤："小翟，你是为我们九江累倒的！"

　　直到 8 月 10 日晚，九江决口封堵成功，洪魔在钢铁般的官兵们面前终于低下了头。但也在同一天，洪湖又发生特大管涌。洪湖一旦发生溃口，将直接威胁江汉平原 8000 多平方千米的土地，包括武汉三镇在内的 800 多万人的生命财产，以及京广铁路的安全。

　　1500 多名空降兵突击队立即赶到现场。面对险情，官兵们奋力突击，仅用 14 小时就在管涌周围筑起了一道高 1.5 米、周长 500 多米的围堰，很快控制住了险情。

　　8 月 17 日，第六次洪峰到达荆江大堤。面对汹涌而来的洪峰，万余名空降兵官兵发出震撼天地的誓言："人在堤在，我在人民生命财产在！"这一天，空降兵官兵奋战 24 小时，共排除了 28 起重大险情。

　　经过 79 个日日夜夜，空降兵部队先后排除了 300 多处险情，创造了未溃一堤一圩的奇迹。保住了荆江大堤，保住了京广铁路，保住了武汉三镇，保住了长江以北几百万人民的家园。

　　2008 年的 5·12 汶川特大地震，军人所表现出的"善举"，也感人至深。

　　大地震发生后，第一批紧急救援队的队员"闪电出击"，集结灾区救援。余震不断，灾区救援生死未卜，他们在衣服背后写下自己的个人资料，以备发生不测时辨明身份。

人民子弟兵用自己的血肉之躯筑起了生命通道。他们用双手扒开废墟中的乱石，用双肩扛起担架上一个个虚弱的生命，用双脚踏过一条条崎岖险阻的道路。当他们从死神手中救出一个个幸存者时，那最温暖坚实的怀抱，成了重生的摇篮。铁汉柔情的一幕幕，让我们一次次深深感动。

一位军人，战友不让他进一座废墟中抢救伤员，因为他患

病的妻子需要他。这位军人大怒，指着战友身上的迷彩服大喊："你记住！一个兵，穿上军装的时候，你便是老百姓的儿子、国家的男人、国家的军人！"说完，他向着妻子所在的城市方向，敬了一个军礼："别怨我，我是军人！"然后，他冲进了废墟。在废墟中，余震使废墟二次坍

塌，他把伤员压在身下，自己也受了伤。7个小时后，他醒了过来，再次冲进了救援的队伍中……

一个刚从废墟中救出了一个孩子的战士，跪了下来大哭，对拖着他的人说："你们让我再去救一个，请求你们让我再去救一个！我还能再救一个！"

他身边所有的人都哭了，然而大家都无计可施，只能眼睁睁地看着废墟第二次坍塌。最终，几个小孩子被救出来了，但只有一个活着。当那些年轻的战士抱着幸存的小女孩，在雨中大叫着跑向救援队所在的帐篷时，连上天也泣不成声了。

5月14日，15名空降兵写下遗书，从4999米的高空一跃而下，最终成功伞降茂县，并在第一时间传回了茂县灾情。这些空降兵，平时训练中只需在数百米高度跳伞。这次他们首次在高原复杂地域，无地面指挥引导、无地面标识、无气象资料条件下实施伞降，他们早已将生死置之度外。他们这种大无畏的精神，令人肃然起敬。

微信扫码　百科小常识　趣味测一测　科普小课堂　故事广播站

3. 百姓行善

　　我们普通老百姓，在大灾大难面前，最能体现出善心。一旦我们的国家，乃至其他国家的人民有了灾难，不论富豪穷汉，均会尽力伸出援助之手。小朋友捐出的一元、一角零花钱，与富人捐出的百万财富同等可贵。

　　比如 2008 年的 5·12 汶川特大地震，在灾难面前，除了在抗震救灾第一线的军人将人类的善心发挥到极致外，全国人民和全世界人民，各国政府全部踊跃捐款捐物。仅在短短的一个月时间里，全国共接收国内外社会各界实际捐赠款物总计 437 亿多元！

　　又比如 2020 年春节期间，武汉新型冠状病毒肺炎疫情牵动着全国每一个人的心。面对汹涌的疫情，全国各地涌现出一批批勇敢的医疗工作者，他们写下请战书，逆向而行，奔赴疫情重灾区参与抗击疫情。与此同时，国内外社会各界也纷纷捐

款捐物，截至2020年1月31日，武汉共收到社会捐款25.86亿元，以及大批的防疫急需物资，包括口罩9316箱，防护服74122套，护目镜80456个，还有其他的药品和医疗器械，等等。我们的近邻日本，在捐赠给湖北的物资上面还写着"山川异域，风月同天""岂曰无衣，与子同裳"等等诗句，读来令人感动。

其实，行善事与钱多钱少并无必然的联系。人人都可行善事，人人都能行善事。在公共汽车上给老弱病残让座，见到路人有难帮一把，就是行善事。

我们常常听到一句话："学习雷锋好榜样。"雷锋，一位普通的解放军战士，永远是我们行善事的典范。

人们中间流传着这样一句话："雷锋出差一千里，好事做了一火车。"雷锋走到哪里，就把好事做到哪里。

一天，雷锋坐上了从抚顺开往沈阳的火车。他看到坐车的人很多，就把座位让给了一位老人。他看到列车员忙不过来，就主动帮着扫地、擦玻璃、倒开水，帮助下车的旅客拿东西，忙个不停。有人劝他说："看把你累的，都满头大汗了，快歇歇吧！"

雷锋说："我不累。"

在沈阳换车的时候，一出站口，雷锋就看见一群人围着一位背着小孩的中年妇女，原来她把车票弄丢了。只见那个中年妇女浑身上下翻了个遍，车票还是没有找到。雷锋不由得上前关心地问："大嫂，你到哪儿去？车票找不到了吗？"

那位妇女着急地说："俺从山东来，到吉林去看孩子他爸，不知什么时候把车票和钱都丢了，这可怎么办呢？"

雷锋听了，说："大嫂！你跟我来吧！"

雷锋领着那位妇女来到售票处，用自己的津贴买了一张到吉林的车票，塞到大嫂手里，说："快上车吧，车就要开了。"

那位大嫂手里拿着车票，感动得热泪盈眶，说："大兄弟，你叫什么名字？是哪个单位的？"

雷锋笑了笑，心想，大嫂还想还我钱呢，就不在意地说："大嫂，别问了，我叫解放军，家就住在中国！"

又有一次，雷锋从丹东出差回来，还是在沈阳换车时，在地下通道里看到一位老大娘。老人家白发苍苍，挂着拐杖，还背着一个大包袱，非常吃力地走着。于是，雷锋就走上前问道：

沈阳站

"大娘！您这是上哪儿去啊？"

老大娘气喘吁吁地说："我从关里来，要去抚顺看儿子。"

雷锋一听，老大娘与自己同路，就把包袱接过来，扶着老大娘上了车。

车上人很多，雷锋给老大娘找了一个座位。老大娘告诉雷锋，她儿子是煤矿工人，出来好几年了，这是自己头一次去看儿子。说着，她从怀里掏出一封信，雷锋看了看信封，上面只写着信箱，却没有详细的地址。老大娘急切地问雷锋："孩子，你知道这个地方吗？"

雷锋说："您放心把，下了车，我一定带您找到您的儿子。"

老大娘听了，脸上露出了笑容。车到抚顺后，雷锋背起老大娘的包袱，搀着老大娘，东打听，西打听，找了两个多小时才找到。母子俩一见面，老大娘就对儿子说："多亏了这位解放军，要不然，我还真找不到你呢！"

母子俩一再感谢雷锋。雷锋却说："谢什么啊，这是我应该做的。"

雷锋在 1961 年的一篇日记中写道："为人民服务，是我应尽的义务。"

在他的日记里，他还写道："我活着，只有一个目的，就是做一个对人民有用的人。""人的生命是有限的，可是，为人民服务是无限的。我愿把有限的生命投到无限的为人民服务之中去。"

为人民服务，为人民做好事，一个心地多么善良的人啊！

2008 年 5 月 12 日汶川发生特大地震后，普通老百姓所表现出的"善举"，同样感人至深。

5 月 12 日当夜，成都上千辆出租车自发奔往都江堰，冒着余震的危险，运走成千上万的伤员。接下来的几天，的哥的姐们不计任何报酬，在成都市团委和成都市红十字会门口排队等待分派任务，赴彭州、绵竹等地运送志愿者和救灾物资，并且还接送伤员。他们义务拉了多少物资、救了多少人，根本无法统计。谁也没有记下他们姓甚名谁，他们只留下了一个共同的、令世界感动的名字：成都的哥的姐。

唐山的一位农民宋志永，带领 13 位村民自费来到四川抗震救灾。他们在北川等地，营救出 25 名幸存者。

有位外国记者来到成都，看见银行前排着长队，还有更多的市民拥过来，他以为是恐慌的储户们急着提款。仔细一看，才知那是市民在等着献血。细雨中，一个个撑着伞的成都人，汇成了一片爱心的海洋。

一方有难，八方支援；齐心协力，共克时艰。人类美好善良的一面，在灾难来临时彰显无遗。

我们是谁

五、你们是魔鬼

1. 自私的基因

到目前为止，生命女神的魔镜在回答我们的疑问——"我们是谁"这个问题时，总是充满着溢美之词：你们是万物之灵，你们是智慧生命，你们是创造者，你们是天使。听到这儿，你是不是感到有些飘飘然了呢？

你是否感到非常骄傲：我真幸运啊，我属于人类，尽管我们几百万年前跟其他动物没什么区别，但是最终我们成了万物之灵，我们改变着周围的世界，我们主宰着大自然的一切，真好！

魔镜说得没错，人类的确值得骄傲。但是，魔镜的话还没说完。

紧跟着"你们是天使"之后，魔镜又说："你们是魔鬼。"

什么？

我们……是魔鬼？

这魔镜是不是疯了，竟然说我们是魔鬼？

正当你感到困惑不解的时候，魔镜竟轻轻地哼唱了起来：

聪明智慧的人哪，你们做了什么？

原本干净的街道，现在变得垃圾遍布。

聪明智慧的人哪，你们做了什么？

原本清澈见底的小溪，现在变得浑浊不堪。

聪明智慧的人哪，你们做了什么？

原来干干净净的海面，浮上了许许多多的垃圾。

聪明智慧的人哪，你们做了什么？

深山老林的树木一棵棵倒下，动物们失去了原本可爱的家园。

聪明智慧的人哪，你们做了什么？

你在享受现代文明，地球却在哭泣。

魔镜所唱的，是以诘问的方式进行着自我反思：作为地球的主宰者，人类是否在享受现代文明的同时，也在破坏着地球的环境，让地球在哭泣？

魔镜告诉我们真实的人类是什么样的。人无完人，人类也有自身的缺陷，其中就包括人类自私的一面。

有些时候，人类的确像个魔鬼。

1976 年，英国科学家理查德·道金斯的一部科普著作《自私的基因》出版，震惊了世界。三十多年来，该书产生了难以估量的深远影响，全球销量超过 100 万册，被翻译成二十多种语言。从此，"自私的基因"成了英语中的一个固定词组。

为什么这部著作会震惊世界呢？

原来，这部书将我们人类头脑中的"万物之灵"的优越感击得粉碎，它把人类降到了与动物同等的地位。

道金斯应用达尔文的生物进化论和现代的基因论，论证了某一物种比另一物种高尚的观点，是没有客观依据的。

我们知道，我们之所以长得像爸爸妈妈，是因为我们有爸爸妈妈的基因。道金斯却告诉我们，基因不只是把爸爸妈妈的长相遗传给了我们，还把祖宗的一些东西也遗传了下来。

比如说，自私的基因。

祖宗为什么会把"自私的基因"遗传给我们呢？道金斯说，这是自然选择的结果。

自然选择学说是英国伟大的生物学

家达尔文在 170 多年前发现的。那是 1838 年 10 月发生的事。一天，达尔文离开剑桥大学，坐马车到舅舅家去会见未婚妻爱玛。一路上，他都在思索物种起源的问题：在动植物新品种形成的过程中，人类通过选择对人有利的变异，培育出新品种，在这个过程中人起了主导作用。那么，在自然界里，是什么力量在起主导作用呢？

　　这个一直无法解答的老问题，使达尔文的脑海变得一片黑暗。

　　马儿呼呼地喘着粗气，使着最后一股劲向坡顶上爬。忽然，达尔文觉得

仿佛有一股耀眼的阳光照进了他的脑海。"生存竞争！"他欢呼了起来，"找到了，我找到了！正是生存竞争，使得那些发生变异后能适应环境者生存了下来，使不适应者被淘汰。正是生存竞争，在自然界中起了选择作用。这种选择作用，可以和人工选择相比拟，称之为自然选择！"

道金斯认为，不论是黑猩猩和人类，还是蜥蜴和真菌，他们都是经过长达 30 多亿年之久的自然选择进化而来的。自然选择的核心力量，是一切为了自身及种族的生存繁衍。每一物种之内，某些个体比另一些个体留下更多的生存后代，生存下来的机会就多。因此，生存竞争的结果就是为所有的生物留下了"自私的基因"，人类也不例外。

巧的是，2000 多年前我国的思想家荀子提出了"性恶论"，与道金斯得出"自私是人的天性"的结论，如出一辙。

孟子认为人性本善，荀子认为人性本恶，人类还真是有点儿复杂，既是天使，又是魔鬼。

人类在这些自私基因的作用

下，犯下了一系列暴行。如战争、互相残杀等，始终伴随着人类的进程。时至今日，在世界的某个角落，依然有战争和暴行不时在发生，因此人类需要时刻反省，把控好自己，才不致使自己处于被动地位而自取毁灭。

2. 换个角度看人类

如果我们站在人类的角度看自己，我们会认为自己是万物之灵，是世界的主宰。但是，如果我们换个角度，站在其他生物或大自然的角度来看，可能就会认为，人类是万物的杀手，是地球的灾难。

自从智人在地球上出现，人类的生存空间越来越大，而其他物种的空间却越来越小。地球上的陆地，本来万物生长，欣欣向荣，物种多元化，万花齐放，但自从人类开始人工栽培小麦、水稻、大豆、玉米等等作物以来，许多植物的生存空间便日益缩小。

以小麦为例，在1万年前，小麦不过就是许多野草当中的一种，只出现在中东一个很小的地区。但自从人类种植小麦以来，在短短1000年里，小麦突然就遍布了世界各地。现在，小麦在全球总共占据大约225万平方千米的地表面积，相当于英国面积的10倍。小麦是专为人类服务的，小麦挤占的生存空间，就是人类挤占的生存空间。植物生长的生存空间被人类挤占，以植物为食的动物生存空间自然也就缩小了。

有数据显示，20世纪有110种和亚种的哺乳动物，以及139种和亚种的鸟类在地球上消失了。目前，世界上已有593种鸟、400多种兽、209种两栖爬行动物和20000多种高等植物，濒于灭绝。已经灭绝的动物有世界上最大的海雀（大海雀）、毫无防御能力的史德拉海牛、地球上最大的狮子（巴巴里狮子）、世界最南端的狼（马尔维纳斯群岛狼）、唯一生活在非洲的熊

（阿特拉斯棕熊）、亚洲西部唯一的老虎、世界上仅有的纯白的狼……

近 300 年，可以说是世界从近代逐步走向现代的时期，人类文明取得飞速发展，时代在进步，地球正在一点点地被我们改变。但同时，地球上也有 300 多种美丽的动物，永远地离我们而去了。

其实，自从原始人发明石器开始，动物就在不断被人类灭绝。这些动物的灭绝，绝大多数都与人类有着密不可分的关系：除了可食的植物减少以外，它们有的是因为栖息地和家园被人类的开发和活动破坏，失去了安身之地；有的是因为人类为了自身利益或者满足自己奢侈的目的，比如人类用它们美丽的皮毛来制作皮包或衣物；有的是遭到人类恶意的大肆捕杀，而惨遭灭绝。

说人类是地球上其他生物的杀手，一点儿都不为过。

故事广播站　科普小课堂　趣味测一测　百科小常识　微信扫码

3. 寂静的春天

　　20世纪60年代，美国一位叫蕾切尔·卡逊的伟大女性，写了一本科普读物：《寂静的春天》。这本书一问世便引起了轰动，它向我们讲述了：为什么在春天到来的时候，我们再也听不到鸟儿的歌声了？

　　当时，正值二战之后东西方对峙的"冷战"时期，美国为了经济开发而大量砍伐森林，大自然遭到非常严重的破坏。特别是为了增加粮食生产和木材出口，美国农业部放任使用DDT（双对氯苯基三氯乙烷，又叫"滴滴涕"）等剧毒杀虫剂进行大规模空中喷洒。

　　对此，卡逊在《寂静的春天》一书中，讲述了以DDT为代表的杀虫剂的广泛

使用，给人们的生存环境所造成的难以逆转的危害——人类不断想控制自然的结果，却使生态破坏殆尽，也在不知不觉间累积毒物于自身，甚至遗祸子孙。她详细描述了人们在利用农药杀死吉卜赛蛾的同时，也杀死了鱼、螃蟹和鸟类；她还详细描述了消灭火蚁的计划，杀死的却是牛、雉鸡，而不是火蚁。她说，因为人们破坏了自然生态，导致了更多害虫的产生。

卡逊向公众发出呼吁，要求制止私人使用有毒化学品和公共计划，这些计划将最终毁掉地球上的生命。她指出，那些阴险的毒物，通过喷雾剂和尘土、食物传播，要远比核战争的放射性残骸危险。那些看似消失的毒物，被鱼类所吸收，一级一级，最终，会以某种

方式存储在人体里面。

此外，毒素也会以难以想象的方式存在并改变生物，比如动物的习性突然改变、北极熊出现雌雄同体、人类面临奇怪的生殖危机、很多怪病肆虐等等。

卡逊说得没错。想想看，我们人类生产了大量的化工产品，如农药、染料、各种洗涤剂、化妆品、塑料制品原料、食品添加剂等等，当然人类之所以这样做，是为了追求更富裕、更好的生活，但与此同时，我们也把大量的致癌物质散布到生活的环境中了。我们制造了大量的非生活必需的

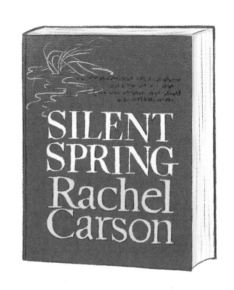

化学物品，我们生活在被污染的食物、空气和水当中，与被反复注入和暴露的毒素接触。

最终，我们可能会毁掉地球上所有的生命，包括我们自己。

《寂静的春天》出版后，人类第一次听到了"环境保护"这样的词语。该书引发了公众对环境问题的关注。在该书的影响下，美国各州通过立法以限制杀虫剂的使用。而曾经获得诺

贝尔奖的 DDT 和其他几种剧毒杀虫剂，也被从生产与使用的名单中清除。该书还促使联合国召开"人类环境大会"，开始了世界范围的环境保护事业。

戈尔

美国前副总统戈尔说："如果没有这本书，环境运动也许会被延误很长时间，或者现在还没有开始。"

在《寂静的春天》的扉页上，还印有这样的一段话，发人深省：

"我对人类感到悲观，因为它对于自己的利益太过精明，我们对待自然的办法是打击并使之屈服。如果我们不是这样多疑和专横，如果我们能调整好与这颗行星的关系，并深怀感激之心对待它，我们本可以有更好的存活机会。

"如果我们还生活在地球上，如果我们想知道周遭的真实处境，如果我们还愿意理解我们跟地球的关系，如果我们还希望找到一线生机，就从这本书开始吧！"

我们是谁

六、你们是文明人

1. 人格修养

现在，你是否已对我们人类自身，有了更清醒的认识？

是的，人类更多像是一个矛盾综合体，既是充满智慧的万物之灵，又有着人类自身的劣根性；既是天使，又是魔鬼。

读到这里，你是不是感到有些失望了：原来，我们人类也并不完美嘛！

那么，魔镜啊魔镜，请你告诉我，有没有什么办法，让人类能够避免自己的劣根性，变得更加完美？

当然有了。这个，萌爷爷可以代替魔镜回答你：要想避免自己不好的一面，那就是努力让自己成为一个文明的人。因为只有这样，我们才能更加和睦相处，才能互利互惠，合理地利用和改造自然，创建更加文明的社会。

那怎样才能成为一个文明的人呢？

很简单，就是要注重自己的人格修养，学会做人。

我国古人在人格修养方面，为我们树立了很多榜样。

比如我国南宋时期的民族英雄岳飞，他有一首《满江红》的词，曾激发了无数中华儿女的爱国激情：

怒发冲冠，凭栏处、潇潇雨歇。抬望眼，仰天长啸，壮怀激烈。

三十功名尘与土，八千里路云和月。莫等闲、白了少年头，空悲切。

靖康耻，犹未雪。臣子恨，何时灭。驾长车，踏破贺兰山缺。壮志饥餐胡虏肉，笑谈渴饮匈奴血。待从头、收拾旧山河，朝天阙。

岳飞的爱国情怀是从小培养的。岳飞的母亲，在岳飞报名参军，准备去打击金朝的侵略军时，就拿一根绣花针在岳飞背上刺下"尽忠报国"四个字，对岳飞说："飞儿，别忘了你背上的四个字，等到杀尽金贼，再回来见我！"

西方对人格修养也很重视。奥地利医师弗洛伊德对人格的构成进行了长期的研究，他认为，一个人

是由"本我""自我"和"超我"三种基本人格组成的。也就是说，完整的人格结构包括"本我""自我"和"超我"。

"本我"位于人格结构的最底层，它是从遗传得来的自然属性，不受任何理性、逻辑准则、价值观、道德原则、伦理观、法律、舆论等社会因素的约束。它体现了和人的躯体一样与生俱来的本性：贪婪、自私、孤僻、非理性、无逻辑、易冲动和无定性等。它依靠本能性的冲动行为，遵循快乐原则行事，满足自己的欲望和要求。

"自我"是在本我的基础上形成的，是后天环境作用于先天的结果。由于它是本我与外界环境联系的中间环节，它在行动时必须按照常识、逻辑进行理性思维，看这样做是否安全，使自己的行为趋利避害。所以，"自我"遵循现实原则行事，一切从自身的安全出发，很"势利"。

"自我"进一步升华，便有了"超我"。"超我"遵循至善原则行事，是人类社会化的产物，是人类文化和文明的结晶。在"自我"基础上产生的"超我"，要求人的行为要至善至美，全然不顾及"本我"的欲望冲动。它用不同国家、不同民族、不同时代、不同地位、不同性别、不同年龄、不同阶级、不同家族的伦理道德观念，严格审视人的行为是否符合"天理良心"的要求，是否与"真善美"的标准一致，并以此决定对自我的奖惩。

指挥人的现实行为的，是"自我"。但"自我"的行为受"本我"和"超我"的限制，也受"自我"的行为准则的限制，处于三难之中。

奥地利学者弗洛伊德形象地描述这种状态："可怜的自我，它必须侍候三个残酷的主人，且须尽力调和三个主人的要求和主张。这些要求常互相分歧，甚至互相冲突。"

比如，一个爱国者，面临敌人的严刑拷打，促其投降叛变、卖国求荣。这时，"本我"

弗洛伊德

就会命令他：不惜一切代价，避免刑讯的痛苦，取得敌人许诺的那些享受荣华富贵的快乐。"超我"则要求"自我"：即使抛头颅洒热血，也决不能卖国求荣！"自我"的原则呢，骑墙观望：先来个假投降吧，俗话说"留得青山在，不怕没柴烧"，先活下来再说。但千万不能做有损国家、民族的事，更不能因自己的变节而出卖自己人。

在三个"主人"矛盾重重的命令下，"自我"便会被搞得痛苦不堪，备受折磨。

假如"自我"服从了"本我"，就会成为遗臭万年的罪人，如秦桧、汪精卫等卖国求荣的人；假如"自我"选择遵从"自我"的原则，假投降侥幸成功，最终下场也往往很悲惨，如日军南京大屠杀中被杀的大批国军降兵降将；而假如"自我"听从

爱迪生

了"超我"的呼唤，宁死不屈，就会成为彪炳史册的民族英雄，如文天祥、史可法等。

人类的文明，促使每一个人在人格形成的过程中，实现人格的升华，成为一个文明人。人格升华的过程，便是文明诞生的过程。人在人格升华的过程中，改变了"本我"心理能量发泄的方向，导向"超我"的高级精神活动，发展了人类科学的、艺术的、宗教的、哲学的创造活动。在这些创造活动中，涌现出一大批世界级的大师，他们创造出的精神产品，成了人类的共同财富，使人类的文明不断向前发展。

这些大师中的佼佼者，如科学家达尔文、牛顿、爱因斯坦、霍金等；发明家如爱迪生、诺贝尔等；文学家如莎士比亚、雨果、狄更斯、海明威等；音乐家如贝多芬、莫扎特、肖邦等；思想家如苏格拉底、尼采、马克思等。在中国则出现了至圣先师孔子、哲圣老子、书圣王

莫扎特

马克思

羲之、画圣吴道子、诗圣杜甫、医圣张仲景、药圣李时珍等。

中华民族经过五千年的文明建设，形成了区别于世界上所有民族的独特的民族特性。

中华民族的第一个特征，是群体至上的原则。

我们每一个人，都是属于大家庭中的一员。所以，我们每个人的意志，都必须服从群体的共同意志；我们每个人的人格，都必须依附于群体的共同人格。群体的基本单位，是家庭；家庭之上，是家族；家族之上，是民族，是国家。这种群体至上意识，是中国文化的思想内核。这种群体至上的意识，增强了中华民族的凝聚力，使我们经历了一次又一次大动荡时期腥风血雨的考验，却依然坚强地屹立在世界的东方。

中华民族的第二个特征，是重"礼"。

这个特征，与群体至上的意识是密切相关的。中国人用"礼"来约束个人的行为，调节个人与群体之间的关系。应该说，讲"礼"是中华民族的优点，只不过有些"礼"讲得过分了点儿，成为压抑人性的桎梏，是必须加以改良的。

中华民族的第三个特征，是以"君子""小人"作为评判人品高下的是非标准。我们应该重君子，轻小人，并自觉地修

孔子

孟子

身养性，将自己培育成君子。

比如，"滴水之恩，涌泉相报""鞠躬尽瘁，死而后已""先天下之忧而忧，后天下之乐而乐""人生自古谁无死，留取丹心照汗青""宁为玉碎，不为瓦全" "威武不能屈，富贵不能淫" "男儿膝下有黄金，不为五斗米折腰"等等。在这些思想的哺育下，古往今来，出现了一批批仁人志士，他们深切地关怀社会、国家，将社会利益置于个人利益之上，其高尚人格与辉煌业绩光照千秋，激励中华民族渡过一道道难关，高歌猛进，使国家走向繁荣富强，给人民带来幸福欢乐。

2. 读万卷书

在人类文明史上，大批传世的经典名著，是先哲为我们留下的宝贵精神财富。所以，读书是为了继承先辈创造的文明成果，也是我们炼成文明人的重要手段。

读书一定要有选择。人生有限，而书海无涯，有的人一辈子读书不辍，可能也只能读其中很少的一部分，因此，必须有针对性、有选择性地读书。读书有大致的方向和目标，才能产生良好的效果。

那么，我们应该选择什么样的书来读呢？

我们说，一个人的修养，包括思想道德修养、文学艺术

修养、科学文化素养这三大部分，通过阅读这些方面的书，将会有助于提升你的个人修养。

思想道德类的书，比如《论语》《道德经》《资治通鉴》《资本论》等，这些经典名著都是人类思想史上的瑰宝，能开启你的心智，培养你的道德情操。尤其是《资本论》一书，有句话说得很好："读懂《资本论》，你对世界的困惑会减少一半。"

文学艺术类的书，比如国内的，四大古典文学名著《三国演义》《红楼梦》《西游记》《水浒传》，以及《诗经》《楚辞》《史记》等；国外的文学名著如巴尔扎克的《人间喜剧》，托尔斯泰的《安娜·卡列尼娜》，塞万提斯的《堂·吉诃德》，莎士比亚的《哈姆雷特》，歌德的《浮士德》，雨果的《巴黎圣母院》，司汤达的《红与黑》，但丁的《神曲》，薄伽丘的《十

日谈》，马尔克斯的《百年孤独》，等等，都值得一读。

科学文化方面的，像一些世界科幻文学名著，如凡尔纳的《海底两万里》，威尔斯的《隐身人》，阿西莫夫的《机器人》，刘慈欣的《三体》，等等，也值得一读，这些书对开启少年儿童的想象力，十分有益。此外，霍金的《时间简史》《果壳中的宇宙》《宇宙简史》，达尔文的《物种起源》，法布尔的《昆虫记》，赫拉利的《人类简史》《未来简史》《今日简史》，等等，也会让我们对自己身处的世界有一个清醒的认识，让你不但了解宇宙的过去，也了解我们人类的未来。

当然，除了读一些正宗的文史哲方面的书以外，我们还要读一些杂书，可以增长见识，成为博学之士，如《山海经》《大唐西域记》《徐霞客游记》等。

《山海经》是我国古代一部富于神话传说的奇书。该书主要讲述民间传说中的地理知识，包括女娲造人、夸父逐日、精卫填海、大禹治水等不少脍炙人口的远古神话传说和寓言故事。它对我国古代历史、地理、文化、中外交通、民俗、神话等的研究，有着重要的参考价值。

《大唐西域记》是唐代高僧玄奘所著，玄奘就是我们俗称的"唐僧"。该书记载了玄奘从长安（今西安）出发西行亲身游历西域的所见所闻，其中包括二百多个国家和城邦，还有许多不同的民族。书中对西域各国的生活方式、建筑、婚姻、宗教信仰、疾病治疗和音乐舞蹈等进行了描述，是研究印度、尼泊尔、巴基斯坦、孟加拉国和斯里兰卡等地古代历史地理的重要文献。

《徐霞客游记》是明代地理学家、旅行家徐霞客根据自己的亲身经历，用日记体裁撰写的一部著作。它生动、准确、详细地记录着祖国丰富的自然资源和地理景观，被称为"千古奇书"。它的内容十分广泛、丰富，从山川源流、地形地貌的考察到奇峰、异洞、瀑布、温泉的探索；从动植物生态品种到手工业、矿产、农业、交通运输、城市建置的记述；从风土人情了解到民族关系和边陲防务的关注，等等，皆有记载。它为我国历史自然地理和历史人文地理的研究都提供了极其珍贵的资料，开创了我国地理学上实地考察自然、系统描述自然的先河。

此外，读一些百科全书，增加你的科学素养，也是必需的。

3．社交礼仪

一个文明人，言行举止一定是优雅的。要想成为一个"气质优雅""风度翩翩"的人，除了在姿态上要时刻注意自己的立姿、坐相、步态外，更要注意的是心灵之美和人格的修养。

我们的父母，会要求我们"坐有坐相，站有站相"。男生的立姿，要求"站如松"；女生的立姿，最美的则是"亭亭玉立"。站着与人交谈时，双臂自如地下垂，双手相握，右手可少量地做手势，但千万别指着别人的鼻尖说话，忌讳上肢扭动、歪头、歪站、斜靠。

男生的坐相，要求"坐如钟"，端正地坐着，不要乱动，特别是不要跷起"二郎腿"，更不要乱抖腿。女子则要求坐相温文尔雅，端正、娴雅的坐相，能体现仪表美。

对男生的步态要求是"行如风"，对女生的步态要求是"步态

轻盈"，其共同点都是：摆臂自然，步线正直，步幅均匀。

在社交场合，要注意社交礼仪，这也是一个人风度教养的重要方面。在现代社会中，社会交往越来越频繁，我们国家一直是一个"礼仪之邦"，更要倡导使用文明用语，学会礼貌待人。

中国古话讲："非礼勿视，非礼勿听，非礼勿言，非礼勿动。"什么意思呢？意思是说，不符合礼法的东西不要看，不符合礼法的话不要听，不符合礼法的话不要说，不符合礼法的事不要做。

但是，该"视"不视，该"动"不动，也是非礼。

比如说，我们见到熟人，却假装没有看见，把头故意扭到一边，避免打招呼，就是很不礼貌的，所以，熟人见面时，就有一个"见面礼"的问题。偶尔碰上，见面礼可以简单些，比如微微点头示意，或问候一声："你好！"也可以按照中国人的习惯，问一声："吃了吗？""来啦？""到哪儿去？"用不同的方式招呼一下就可以了。

如果是参加聚会，就得慎重一些。见到熟人，你就应该主动迎上去，热情地注视着对方的眼睛，握手问好。熟一点儿的朋友可以多寒暄几句，如"好久不见，怪想你的""最近在忙啥呢"之类。同性平辈之间，要抢先伸出手来；长辈晚辈之间，长辈先出手；男女之间，女性先出手。

拒绝与人握手，是极不礼貌的事情，会被认为是敌意的表示。握手时，不可过紧乱摇，也不可握的时间过长，适度就行，表情不要太过分。

在与别人介绍相认识时，也应彬彬有礼，不可鲁莽。如果你想结识某位名人，又无人介绍，你可走到他的身边，热情地呼唤他的名讳，自报家门，说："某老师，久闻您的大名，今日得见，不胜荣幸。我是某某某，能否与您聊一聊？"如果其他的人也用这种方式来结识你，切忌倨傲，应有礼貌地伸出手去，握住对方的手，谦虚地说："哪里哪里，徒有虚名而已，认识您很高兴。"如果你没记住对方的名字，不可"直杠杠"地问："您叫啥？"而应委婉地问："对不起，刚才没听清，我该怎么称呼您？"

在同陌生人交谈时，不要贸然问对方的年龄、生活、学习等情况，实在需要了解对方的这些情况，也应委婉地提问，使对方在不愿回答时也不显得尴尬。比如，你可以这样问："哟，您老好精神哦，今年高寿几何？""你真漂亮，今年青春几度？""你在哪里高就？"

探亲访友时，要敲门，即便门敞开着，也不可贸然进入。进入后，要等主人示意"请坐"，才能入座。做客时，应坐有坐相，站有站相，切忌"反客为主"，指挥主人家的人为你办事，更不能对主人指手画脚，批评主人这不是、那不好，说主人不会持家，不会待客，弄的饭菜不好吃，等等。即便事实如此，也不可当面直言，伤了主人的面子。

礼貌待客，是一个人的基本修养。有客来访，不管你正在忙其他事，或与先来的客人谈兴正浓，你都要起身迎客，让座敬茶，不让客人坐"冷板凳"。客人未告辞前，你不要总看表，或先站起来，使人误会你有撵客状。如你有事要办，不妨与客人明言，得到客人的谅解。客人告辞时，如你并不准备留客人吃饭、住宿，千万不可虚情假意，说什么："吃了饭再走嘛！"客人告辞，应礼送出门，一般送到门口即可，目送着客人到互相看不见的地方为止。客人则应对送行的主人说："请留步！""再见！""后会有期！""请到我家来玩！"等告别语。

总之，在文明社会里，出入各种社交圈，你都要显得有修养，

"请"字不离口，脸上笑常在，"礼多人不怪"。

在社交中，营造谈话气氛，对于交友待客都是重要的环节。交谈前的寒暄是必不可少的。寒暄，也就是对人所说的问候起居寒暖的客套话。在会客中，客套或寒暄，是会客中的开场白，是坦诚交谈的序幕，也是表达感情的一种方式。如见面时可以说：

"好久不见了，您怎么总不来呢？"这就表现出主人对客人的思念之情。如果寒暄几句后，再逐渐转入正题，就会使谈话的双方显得自然亲切。

有些客套话，其实是谦辞敬辞，应当掌握。如初次见面说"久仰"，好久不见说"久违"，请人批评说"请指教"，请人原谅说"多包涵"，请人指点说"赐教"，麻烦别人说"打扰"，向人祝福说"恭喜"，等等。这类客套话不仅促进交谈，也有

利于增进感情。同时，它也是礼仪的重要内容之一。

如果在传统节日期间相互拜访，要先致节日的问候，平时交友待客，也要首先关心一下对方的生活、工作和学习情况，这都是真诚感情的流露，绝不是虚伪的敷衍。

交谈应专注，切忌心不在焉、答非所问、东张西望、哈欠连天等。会谈中，也不要有不停地看表，或者不停地变换坐姿的举止，这会让客人感到主人很不耐烦。

在交往中要把握适当的称谓，是看一个人有无教养的第一印象。

亲属之间，对长辈应以亲属称呼相称，如爷爷、奶奶、爸爸、妈妈、姑姑、舅舅等。称呼长辈的姓名、职业、职务、身份等是不礼貌的。对平辈，可相互用亲属称谓或排行序列称谓相称，如姐姐、姐夫、哥哥、嫂嫂、大弟、二弟等。年长的平辈可直呼年少者的名字，若年少者已成年，则用亲属称谓较礼貌。而对晚辈，可称呼其亲属称呼，也可直呼其名。

对陌生人的称谓，

没有这么严格，也没有固定的方法。但注意要有礼貌，以尊重别人为前提。对各行业的人都要尊敬礼貌地称呼，一般不宜直呼其名，更不能用鄙称，可用通称。

微信扫码

▼ 故事广播站
▼ 科普小课堂
▼ 趣味测一测
▼ 百科小常识

4．学会做人

"你们是文明人"，这是魔镜对人类的最高赞誉之词。

我们不要做魔鬼。我们每个人，都应该努力提高自己的修养，不要让魔镜对我们失望。

怎样成为一个文明人呢？除了前面所说的，有一点最重要，那就是学会做人。

做人？谁不会呀，我们不就是人吗？

这里所说的做人，是指要做一个能够与别人和谐相处的人，做一个受人尊敬的人，做一个受人欢迎、喜爱的人。

学会做人，是炼成文明人的基本功。这里有一些"秘方"，可以让你在与别人交

往时，能够和睦相处，受人尊敬、也被人喜欢。

一是宽容。

宽容是人的美德之一。为人宽容，才能得到众人的爱戴；为政宽容，才能使有才干的人各尽其力。如果没有宽容的气度，不论为人或为政，都会受到影响。

宽，就是能容物；能容物，才能成就其大。高山是汇集沙石泥土而成的，海洋是容纳江流河水而成的，同样，任何人要成就大事业，也都要集合众人之力、众人之才才行。所以，真正干大事业、有大成就的人，胸怀都很宽大。俗话说：宰相肚里能撑船。经得住别人在肚内撑几竿的人，小抵触、小摩擦不会放在心上，才能与人和谐相处。

一个人气度宽大，才能与众人相交，广结良朋。我国古代有这样一个故事：秦穆公丢了一匹拉车的马，找到的时候已被人煮了在吃。秦穆公叹一口气说："吃马肉不喝酒是不好的。"于是给了每个吃马肉的人一大碗酒。一年之后，秦晋大战，穆公被枪刺投中，战马已被晋军抓住，眼看就要成为俘虏。这时那些曾经吃了马肉的三百多人冲了出来，个个舍生尽力，在穆公车下与晋人殊死搏斗，终于大败晋军。可以说，秦穆公转危为安、反败为胜，靠的就是宽大容物的德行。

二是以仁心待人。

仁心是仁爱之心，爱人之心。以仁心待人，就是爱人。人需要爱，世界需要爱。爱使人相互联结，使世界成为爱的世界。

我们的地球，本就是人们居于其中的一个大家庭。人字的一撇一捺，意味着人与人的相互支撑，没有爱，就不成为人的

世界。有家，人的世界才会充满盎然生机；有人爱，能爱人，我们才能品尝到生活的欢乐，才能有对生活的热情。没有爱的世界，只是一片冷寂的荒漠。

以仁心待人，就是我们要敬爱父母长者，要同情老弱病残，要怜惜幼小。仁爱是人的天性，或者说，应该成为人的天性。无爱无恨的人麻木迟钝，有恨无爱的人冷酷无情。孟子说："没有仁爱之心，是不能算作人的。"

三是己所不欲，勿施于人。

"己所不欲，勿施于人"，是一种人生哲学，意思是自己不喜欢的事物，不要施加到别人身上。这看似很简单，其实却有深意，我们应该互换位置，应该像考虑自己一样来考虑别人。这是养成良好人格最重要、最可行的上进阶梯。

孔子哲学的中心是"仁"。仁就是树立爱心，就是讲道理，一句话，就是：文明。人如果能像考虑自己、为自己着想那样，来考虑别人、为别人着想，就可以进入"文明"层次了。这一点推广开来，对于整个社会，意义是很了不得的，那样就实现了仁者之邦，实现了理想国。

四是待人宜宽，律己宜严。

待人宜宽，律己宜严，这是中国自古以来所提倡的待人之道。

什么意思呢？

意思是说，对待别人的错误和过失，应该多加宽恕；而当自己有过失或犯了错误的时候，应该严加要求。

　　唐朝的魏征早期是太子李建成的属官，他曾多次劝李建成杀掉李世民。后来李世民登基为帝，不但没有杀了魏征，还让他做了很高的官。在魏征辅佐下，最终实现了唐初的繁荣发展，出现了贞观盛世。

　　春秋时期，齐国的国君去世，大臣们紧张地谋划拥立新君。齐国正卿从小与公子小白非常要好，就暗中派人去莒国迎接小白回国即位。与此同时，也有人去鲁国接年长一些的公子纠回国为君。鲁军在护送公子纠回齐国的时候，派管仲带兵在途中拦截回国的小白。双方相遇，小白被管仲一箭射中身上铜制的衣带钩，差点儿丧命。为了迷惑对方，小白假装中箭而死，乘一辆轻便小车，日夜兼程赶回齐都。公子纠及鲁军以为小白已死，稳操胜券，就放慢了回齐国的速度，谁知当他们赶到时，小白早已被拥立为齐君。

小白登上齐国国君的宝座后，心里记着那一箭之仇，常想杀死管仲。当他发兵攻打鲁国之时，鲍叔牙对他说："您要想管理好齐国，有高侯和我就够了；您如想称霸天下，则非有管仲不可！"

小白听了鲍叔牙的话，放弃前嫌，大度地派人前往迎接管仲，厚礼相待，委以重任。小白得到管仲之后，如鱼得水，如虎添翼，找到了帮他振兴齐国的人。管仲得到小白的大力支持，大刀阔斧地在齐国进行改革，很快齐国就国富兵强，在诸侯林立的春秋时期成为政治舞台上的主要角色。而小白，就是历史上赫赫有名的齐桓公。

可见，对待别人的过失给予宽恕，往往会取得很好的效果。

我们在交友中，更要"严于律己，宽以待人"。俗话说：金无足赤，人无完人。不苛责于人，才交得上朋友，才能与他人和谐相处。

一次鲁国在祭祀的时候，按照周礼的规定，礼杖应该在祭坛的两侧摆放着，而不是拿在手里。但很多贵族大夫不懂得，手握着礼杖行礼，这正好被孔子弟子子路看到了，觉得很好笑，就跑去问他的老师孔子："老师，我刚看到鲁国大夫手握礼杖举行祭祀，他们这样做符合周礼吗？"

孔子回答说："我不知道。"

子路听了心里很诧异，老师居然也有不知道的事。他出门

碰到子贡，就跟他说，跟了老师四十多年，终于发现老师也有不知道的事。

子贡听了，让他在门外等一等，自己进屋去再问一遍。

子贡进屋后，问孔子："老师，举行祭祀的时候，手持礼杖符合周礼吗？"

孔子回答很果断："不符合！"

子贡出来后，对子路说，不是老师不知道，而是你的问法有问题。老师回答你说不知道，那是在帮鲁国大夫们遮掩他们

的不足。

这个世界上，没有一个完美无缺的人。宽容别人的缺点，从而对他有所帮助，这才是"仁者爱人"的真谛。"与人交，推其长者，讳其短者，故能久也。"意思是和别人交往，就是把他的长处宣扬出去，别人有缺点，我们把它掩盖起来，要维护、呵护别人的伤口，而不是往别人伤口上撒盐，这样交往才能长久。

五是一让值千金。

忍让是我们为人处世的美德。人生在世，免不了要和志趣不同、性格各异的人打交道，待人接物，要克制自己，不能一味争强好胜，要有孟子的"三自反"精神。

什么是"三自反"？

孟子曾说过：假使有这样的人，对我横逆无道，君子就自己问自己：我必定是有不仁的地方或无礼的地方，不然这样的事，怎么会扯到我身上？如果自己已经讲仁义有礼节了，他对自己还是这样蛮不讲理，君子必定又自己问自己：我必定还有不忠的地方。如果自问已经讲忠诚了，他对自己仍然是这样的蛮不讲理，君子就说，这不过是个无知妄为的人罢了，不必同他一般见识。

这就叫"三自反"。这里的"三自反"，表现了一个人的忍让精神。韩信少年时忍"胯下之辱"，后成就大业的故事，就是人与人交往中"让"的典范。

在与人交往中，只有学会"让"，才能与他人和谐相处。俗话说，忍一时风平浪静，退一步海阔天空，真可谓"一让值千金"。遇事若是不能相让，往往会为了一件区区小事，把矛盾激化；而若是能够互相谦让，就可以避免人与人之间一些矛盾的产生，或者缓和激化了的矛盾。

让，意味着一种实力、一种信心、一种大将风度。

比如说，走路时让同伴先行，吃饭时让客人上坐，分东西时让同伴先得，乘车时给老人让座。让给社会带来一种温情文明的氛围，给人与人之间增添了一份宽厚的期待。生活中的许多矛盾、纷争、殴斗，常与没有掌握让的艺术相关。有时因一句话不慎，便打得头破血流，甚至丢了性命，的确不够明智。

生活中缺少让，便只剩下鲁

莽和野蛮。有理的人才有资格言让，常言道：有理不在声高，得绕人处且饶人。真理在握，就大可不必气势汹汹；心平气静，更能以理服人。

当然，这里还得将善意的谦让和无原则的忍让区分开来。有理的畏畏缩缩，无理的反而振振有词，以至善恶不分，黑白颠倒，坏人得志，好人遭殃，这不叫让，而是软弱可欺。

让是一种策略，其本质是，以退为进，退一步，进两步。

只有懂得"让"，懂得"仁"，懂得"爱"，才可以说，我们是一个文明的人。

好了，现在你已经知道，我是谁了。那么，你是不是还想知道，我究竟来自哪里，要去向何方呢？

且听萌爷爷在下一册分解吧。